工业和信息化
人才培养规划教材

Industry And Information
Technology Training
Planning Materials

职 业 教 育 系 列

中英文打字（第4版）

Typewriting in English and Chinese

乔桂波 张晋立 ◎ 主编

刘民 毛文东 石京学 ◎ 副主编

人民邮电出版社

北京

图书在版编目（ＣＩＰ）数据

中英文打字 / 乔桂波 ，张晋立主编. -- 4版. --
北京：人民邮电出版社，2016.7（2021.6重印）
工业和信息化人才培养规划教材. 职业教育系列
ISBN 978-7-115-41073-3

Ⅰ. ①中… Ⅱ. ①乔… ②张… Ⅲ. ①中文输入法－
职业教育－教材②英文－打字－职业教育－教材 Ⅳ.
①TP391.14

中国版本图书馆CIP数据核字(2016)第040366号

内 容 提 要

本书从实战应用入手介绍中英文打字的各种技能，在讲解知识点的同时，通过大量的操作练习引导学生在较短的时间内掌握中英文打字的技能。

本书共分为 7 章，分别是英文打字、搜狗拼音输入法、五笔字型基础、五笔字型单字输入、五笔字型词组输入、五笔字型综合练习及五笔加加 Plus。

本书适合作为职业院校"中英文打字"课程的教材，也可以作为技术人员学习中英文打字的参考资料。

◆ 主　　编　乔桂波　张晋立

　　副主编　刘　民　毛文东　石京学

　　责任编辑　马小霞

　　责任印制　焦志炜

◆ 人民邮电出版社出版发行　　北京市丰台区成寿寺路 11 号

　　邮编　100164　电子邮件　315@ptpress.com.cn

　　网址　http://www.ptpress.com.cn

　　山东百润本色印刷有限公司印刷

◆ 开本：787×1092　1/16

　　印张：8.25　　　　　　2016 年 7 月第 4 版

　　字数：200 千字　　　 2021 年 6 月山东第 11 次印刷

定价：22.00 元

读者服务热线：(010)81055256　印装质量热线：(010)81055316
反盗版热线：(010)81055315

第4版 前言 PREFACE

在计算机越来越普及的今天，熟练地使用计算机已经成为许多择业人员的必备条件。打字是一种基本的应用技能，更是不可或缺的。大多数计算机初学者都将打字作为他们学习计算机的第一步，而快速、准确地输入文字，更是许多专业打字人员的职责所在和必备技能。因此，在许多职业院校中，文字录入已经成为计算机专业和文秘等非计算机专业的必修课程。

为了给职业院校的学生提供一本实用、专业的学习打字的教材，编者以《全国计算机信息高新技术考试技能培训和鉴定标准》中"职业技能四级"（操作员）的知识点为标准，结合职业院校的实际课程开设情况修订编写了本书。

本书是《中英文打字（第3版）》一书的改版，针对该书前一版的一些缺陷和不足，对部分内容做了适当调整和补充，使全书在章节内容的安排上更加合理。较之上一版本，本书不再介绍智能 ABC 输入法和微软拼音 2007，以常用的搜狗输入法取而代之，操作环节由原来的"金山打字通 2008"替换为"金山打字通 2013"。

本书仍然以"任务驱动，案例教学"为出发点，完全从应用入手，介绍中英文打字的各项技能。在讲解知识点的同时，以"金山打字通 2013"为操作环境，通过大量的操作练习引导学生在较短的时间内掌握中英文打字的技能，并达到初级速记员的文字录入水平。

教师一般可用 18 课时来讲解本教材内容，然后根据每章的练习题，再配以 36 课时的上机时间，即可较好地完成教学任务。总的讲课时间约为 54 课时。

本书由乔桂波、张晋立任主编，由刘民、毛文东、石京学任副主编。由于编者水平有限，书中难免存在疏漏之处，敬请各位老师和同学指正。

编者
2016 年 3 月

目 录 CONTENTS

PART 1

第1章
英文打字

人们在使用计算机的过程中，将有关的文字信息输入计算机中是必不可少的重要环节，因而准确、快速地向计算机中输入文字就成了人们需要掌握的一项基本技能。中文 Windows 操作系统，特别是中文 Windows 7，是目前国内较常使用的操作系统。本书将介绍如何在中文 Windows 7 操作系统中输入中英文的相关知识。作为全书的开篇，本章首先介绍英文的输入方法。

英文输入是一切文字录入的基础，作为文字录入的主要工具——键盘，它的打字键区主要是由英文字母、数字及一些符号组成的，因此，无论是输入英文还是中文，都是通过敲击键盘上的这些键位将文字输入计算机中的。在练习英文输入时，读者首先需要了解键盘的分区结构并熟悉各个键位，其次是掌握键盘的基本键位和手指分工，最后学会英文、数字及标点符号的输入指法。掌握了这些必要的基本功以后，再通过大量的练习，读者便可以在很短的时间内快速地输入英文了。

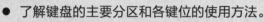

学习目标

- 了解键盘的主要分区和各键位的使用方法。
- 掌握键盘的基本键位和手指分工。
- 掌握正确的击键姿势和打字姿势。
- 了解金山打字通 2013 的工作界面及主要功能。
- 熟练掌握英文、数字及标点符号的输入指法。
- 掌握快速输入英文的方法。
- 掌握在金山打字通 2013 中自定义练习内容的方法。

重点和难点

- 键盘的基本键位和手指分工。
- 正确的击键姿势和打字姿势。
- 熟练掌握英文、数字及标点符号的输入指法。
- 掌握快速输入英文的方法。

1.1 打字基础

　　键盘是计算机用户最主要的文字录入工具，也是计算机中最基本、最重要和最早使用的输入设备。无论是指挥计算机工作的命令还是需要编辑的文字，用户都需要使用键盘将其输入计算机中。因此，学习打字之前一定要先了解键盘的结构，掌握正确的打字姿势，理解基准键位的概念，掌握打字时各手指的分工，掌握打字时击键的方法，才能够为日后快速地录入文字打下良好的基础。

1.1.1 键盘的结构

　　最早的键盘只有 84 个键，后来随着计算机的不断发展，增加到了 101 个键，也就是以前最常用的 101 键盘。

　　在 Windows 95 出现之后，为了便于用户使用，在 101 键盘的基础上又增加了 3 个针对 Windows 95 的按键，于是有了 104 键盘，至今仍被很多用户使用。

　　自从出现了 Windows 98 以后，键盘的功能键区又增加了 3 个控制计算机休眠的按键，于是便有了 107 键盘，如图 1-1 所示。目前，107 键盘已逐渐取代了其他键盘，成了人们最经常使用的键盘。不同类型的计算机的键盘可能略有不同，下面介绍的是一般情况。

图1-1 107键盘

　　由图 1-1 可以看到，键盘被分成了功能键区、主键盘区、控制键区、状态指示区和数字键区 5 个区域。

1. 功能键区

　　功能键区共有 16 个键，位于键盘的顶端，排列成一行，如图 1-2 所示。

图1-2 功能键区

　　最左边的是 Esc 键，中间的 12 个键从左至右依次是 F1 键～F12 键，在不同的应用程序中，这 12 个键的功能也有所不同。

　　（1）　Esc 键：退出键。"Esc"是英文"Escape"的缩写，它的功能是退出当前环境，返回原状态。

　　（2）　F1 键：帮助键。在不同的软件中，虽然 F1 键～F12 键的功能有所不同，但一般情况下总是将 F1 键设为帮助键，即按此键得到操作帮助。

2. 主键盘区

主键盘区位于功能键区的下方，它是 4 个键区中键位最多的，共有 61 个键，包括 26 个字母键、14 个控制键及 21 个数字和符号键，如图 1-3 所示。

图1-3 打字键区

（1） 字母键：字母键的键面上分别印有从"A"到"Z"的英文大写字母。利用字母键可以输入英文的大、小写字母。其中，默认状态下输入的是小写字母，如果想输入大写字母，需同时按下 Shift 键。也可以通过敲击 Caps Lock 键，进入"大写锁定"状态，连续输入大写字母，此时指示灯区的 Caps Lock 指示灯被点亮。如再次敲击 Caps Lock 键，可切换回小写输入状态，Caps Lock 指示灯同时熄灭。

（2） 数字和符号键：利用数字和符号键可以输入数字、运算符号、标点符号和其他特殊符号。数字和符号键的键面上都印有一上一下两种符号，把这种键称为双字符键。其中，上面的符号称为上挡字符，下面的符号称为下挡字符。默认状态下，输入的是下挡字符，若想输入上挡字符时，需同时按下 Shift 键。

（3） 控制键：控制键包括 Tab 、 Caps Lock 、 Shift 、 Ctrl 、 ⊞ （开始菜单）、 Alt 、 BackSpace （或 ← ）、 Enter 、 Space （空格）键、 ▤ （快捷菜单）。其中 Shift 、 Ctrl 、 ⊞ 、 Alt 键各有两个，并在打字键区的两边呈基本对称分布。

① Tab 键：制表定位键。"Tab"是英文"Table"的缩写，每敲击一次该键，光标向右移动 8 个字符的位置。

② Caps Lock 键：大写锁定键。反复敲击 Caps Lock 键，可看到指示灯区的 Caps Lock 指示灯会点亮或熄灭，当指示灯亮时，表示进入"大写锁定"状态，此时敲击字母键输入的是大写字母。当指示灯熄灭时，表示退出了大写锁定状态，敲击字母键输入的是小写字母。 Caps Lock 键对数字和符号键不起作用。

③ Shift 键：换挡键。该键具有以下 3 种功能。

第 1 种功能，可用来控制字母键的大小写状态转换。当字母键处于"大写锁定"状态（即 Caps Lock 指示灯亮）时，在按下 Shift 键的同时敲击字母键可输入小写字母，当退出"大写锁定"状态（即 Caps Lock 指示灯熄灭时）时，按下 Shift 键的同时敲击字母键可输入大写字母。

第 2 种功能，可用来控制数字和符号键的上下挡转换。直接敲击相应的数字和符号键输入的是下挡字符，如要输入上挡字符，则需要同时按下 Shift 键。

第 3 种功能，可与其他控制键组合使用，起到快捷键的作用。

④ Ctrl 键：控制键。"Ctrl"是英文"Control"的缩写。该键不能单独使用，只能与其他键组合使用，以完成特定的控制功能。如同时按下 Ctrl + Shift 组合键，可以切换汉字输入法。

⑤ ⊞ 键：该键的键面上印着 Windows 窗口的图案，敲击该键会打开【开始】菜单。该键还可与字母键组合实现一些特定的功能。如同时按下 ⊞+E 组合键可快速打开 Windows 7 的【资源管理器】窗口，同时按下 ⊞+R 组合键可快速打开【运行】对话框等。

⑥ Alt 键：转换键。"Alt" 是英文 "Alternating" 的缩写。该键不能单独使用，在与其他键组合使用时产生一种转换状态。在不同的工作环境下，Alt 键的转换状态也不同。如在打开的写字板中，按下 Alt 键加菜单栏上某个下拉菜单的快捷键名，可以打开该下拉菜单。如同时按下 Alt+F 组合键，可打开【文件】下拉菜单。

⑦ BackSpace 键：退格键。该键位于打字键区的右上角，在有些键盘上用一个向左的箭头 ← 表示。敲击该键可以删除光标左侧的一个字符。当用户输入了错误的字符时，敲一下退格键，就能把刚刚输入的字符删掉。

⑧ Enter 键，回车键。敲击该键表示开始执行所输入的命令。在文字录入时，敲击该键后，光标移至下一行。

⑨ Space 键，该键是键盘上最长的键，敲击该键，将输入一个空格。

⑩ ▤ 键，该键位于打字键区右下角的 ⊞ 键和 Ctrl 键之间，敲击该键可弹出相应的快捷菜单。

3. 控制键区

控制键区共有 10 个键，位于主键盘区和数字键区之间，如图 1-4 所示。

（1）Insert 键：插入键。该键用来进行插入和替换的转换，其默认状态为插入状态。当光标位于已输入字符的中间位置时，输入一个新字符后，该字符输入光标的当前位置，光标右侧的所有字符向右移动一个字符的位置。敲击 Insert 键，则转换为替换状态，在输入新字符时，其右边的字符不是向右移动而是被新字符所替换。再次敲击 Insert 键，则返回插入状态。

图1-4 编辑控制键区

（2）Home 键：起始键。敲击该键，光标移至当前行的行首。同时按 Ctrl+Home 组合键，光标移至文章的首行行首。

（3）End 键：终点键。敲击该键，光标移至当前行的行尾。同时按 Ctrl+End 组合键，光标移至文章的末行行尾。

（4）Page UP 键：向前翻屏键。敲击该键，可以翻到上一屏。

（5）Page Down 键：向后翻屏键。敲击该键，可以翻到下一屏。

（6）Delete 键：删除键。敲击该键可以删除光标右侧的一个字符，同时被删字符右边的字符左移一个字符的位置。

（7）↑ 键：光标上移键。敲击该键，光标上移一行。

（8）↓ 键：光标下移键。敲击该键，光标下移一行。

（9）→ 键：光标右移键。敲击该键，光标向右移一个字符的位置。

（10）← 键：光标左移键。敲击该键，光标向左移一个字符的位置。

4. 状态指示区

状态指示区位于键盘的右上角，共有 3 个指示灯，如图 1-5 所示。按从左到右的顺序分别介绍如下。

图1-5 状态指示区

（1）　Num Lock：与数字键区的 Num Lock 键配合使用，用于指示数字键区是否处于"数字锁定"状态。灯亮表示处于"数字锁定"状态；灯灭表示退出"数字锁定"状态。

（2）　Caps Lock：与打字键区的 Caps Lock 键配合使用，用于指示字母键是否处于"大写锁定"状态。灯亮表示处于"大写锁定"状态；灯灭表示退出"大写锁定"状态。

（3）　Scroll Lock：与功能键区的 Scroll Lock 键配合使用，用于指示是否处于"屏幕锁定"状态。灯亮表示处于"屏幕锁定"状态；灯灭表示退出"屏幕锁定"状态。

5．数字键区

图1-6　数字键区

数字键区也称小键盘区，它其实是主键盘区和编辑控制键区两个区域按键的缩影，是专门为方便单手输入、编辑数字而设置的。该键区共有 17 个键，其中包括 Num Lock 键、双字符键、Enter 键和符号键等，如图1-6 所示。

数字键区有一部分键为双字符键，其上挡符号是数字和小数点，下挡符号具有光标控制等功能。数字键盘区左上角的 Num Lock 键叫作数字锁定键，反复敲击该键时，可看到指示灯区的 Num Lock 指示灯会点亮或熄灭。当指示灯亮时，表示进入数字锁定状态，敲击双字符键输入的是数字和小数点；当指示灯灭时，表示退出锁定状态，敲击相应的双字符键，可以移动光标、删除字符等。其中，0 Ins 键的功能与编辑控制键区的 Insert 键相同，Del 键的功能与编辑控制键区的 Delete 键相同。

1.1.2　打字姿势

图1-7　正确的打字姿势

打字的第一步是要有一个正确的打字姿势，如图 1-7 所示，这对初学者来说是至关重要的。因为，只有保持正确的打字姿势才可以做到稳、准、快地敲击键盘，且在输入的过程中也不容易疲劳，所以文字的输入速度自然也就大大加快了。

正确的键盘操作姿势要求如下。

1．坐姿

（1）　身体平坐，且将重心置于椅子上，腰背要挺直，身体稍偏于键盘右方，两脚自然平放在地上。

（2）　身体正对屏幕，向前微微倾斜，与键盘保持约 20cm 的距离。

2．臂、肘和手腕的位置

（1）　两肩放松，大臂自然下垂，肘与腰部的距离为 5～10cm。

（2）　小臂与手腕略向上倾斜，手腕切忌向上拱起，手腕与键盘下边框保持 1cm 左右的距离。

3．手指的位置

（1）　手掌以手腕为轴略向上起，手指略微弯曲。

（2）　手指自然下垂，虚放在基准键位上，左右手拇指虚放在 Space 键上。

4. 输入文字时的要求

（1） 将位于显示器正前方的键盘右移 5cm。

（2） 书稿稍斜放在键盘的左侧，使视线和字行成平行线。

（3） 打字时，要求做到不看键盘，只专注书稿和屏幕。

（4） 稳、准、快地击键。

1.1.3 键盘指法

在输入文字时，为了以较快的速度敲击键盘上的每个键位，人们对双手的 10 个手指进行了合理的分工，每个手指负责一部分键位。当输入文字时，遇到相应字母、数字或标点符号，便用负责该键的手指敲击相应的键位，这便是键盘指法。读者经过有效地学习记忆，再加上有序地练习后，当能够"十指如飞"地敲击各个键位时，就是一个文字录入高手了。

下面介绍 10 个手指的具体分工，也就是键盘指法的具体规定。

1. 基准键位

在打字键区的正中央有 8 个键位，即左边的 A、S、D、F 键和右边的 J、K、L、: 键，这 8 个键被称作基准键。其中，在 F、J 两个键的键面上都有一个凸起的小棱杠，以便于盲打时手指能通过触觉定位。当读者开始打字时，将左手的小指、无名指、中指和食指分别虚放在 A、S、D、F 键上，右手的食指、中指、无名指和小指分别虚放在 J、K、L、: 键上，两个大拇指则虚放在 Space 键上，如图 1-8 所示。

图1-8 手指的基准键位

基准键位是打字时手指所处的基准位置，击打键盘上的其他任何键，手指都是从这里出发，而且打完后必须立即退回到基准键上。

2. 键位的手指分工

除了 8 个基准键外，人们对主键盘上的其他键位也进行了分工，每个手指负责一部分，如图 1-9 所示。

图1-9 其他键的手指分工

（1） 左手分工。

● 小指负责的键：`!1`、`Q`、`A`、`Z`及这些键位左边所有的键。

● 无名指负责的键：`@2`、`W`、`S`、`X`。

● 中指负责的键：`#3`、`E`、`D`、`C`。

● 食指负责的键：`$4`、`R`、`F`、`V`与`%5`、`T`、`G`、`B`。

（2） 右手分工。

● 小指负责的键：`)0`、`P`、`:;`、`?/`及这些键位右边所有的键。

● 无名指负责的键：`(9`、`O`、`L`、`.`。

● 中指负责的键：`*8`、`I`、`K`、`,`。

● 食指负责的键：`&7`、`U`、`J`、`M`与`^6`、`Y`、`H`、`N`。

（3） 大拇指。

大拇指专门负责敲击`Space`键。当左手击完字符键需击`Space`键时，用右手大拇指敲击；反之，则用左手大拇指。

经过图 1-9 所示的划分，整个键盘的手指分工就一清二楚了。读者敲击任何键，只需将手指从基准键位移到相应的键上，正确输入后，再返回基准键位即可。

3. 数字键盘的手指分工

财会人员使用计算机录入票据上的数字时，一般都使用数字键盘即小键盘区。这是因为数字键盘的数字和编辑键位比较集中，操作起来相对流利。而且，通过一定的指法练习后，可以一边用左手翻票据，一边用右手迅速地录入数字，可以提高工作效率。

使用数字键盘录入数字时，主要由右手的 5 个手指负责，它们的具体分工如下。

（1） 小指负责的键：`-`、`+`、`Enter`。

（2） 无名指负责的键：`*`、`9 PgUp`、`6 →`、`3 PgDn`、`Del`。

（3） 中指负责的键：`/`、`8 ↑`、`5`、`2 ↓`。

（4） 食指负责的键：`Num Lock`、`7 Home`、`4 ←`、`1 End`。

（5） 大拇指负责的键：`0 Ins`。

1.1.4 击键方法

正确的击键方法是：

（1） 击键之前，十个手指放在基准键位上；

（2） 击键时，要击键的手指迅速敲击目标键，瞬间发力并立即反弹，不要一直按在目标键上；

（3） 击键完毕后，手指要立即放回基准键上，准备下一次击键。

1.2 金山打字通 2013

目前市场上有很多用于练习打字的软件，金山打字通 2013 便是较为突出的一款。该软件以新颖的内容、强大的功能及富有个性的特点，吸引了众多的用户。本书所有的文字录入练习都将用它来完成。因此，在练习英文输入之前，先简单介绍一下金山打字通 2013，使读者对其有个初步认识，以便更快地适应后面的练习。

1.2.1 金山打字通 2013 的下载与安装

1. 下载金山打字通 2013

打开金山打字通官方网站"http://www.51dzt.com/"，在打开的页面中单击【免费下载】按钮，即可下载金山打字通 2013 的安装程序。

2. 安装金山打字通 2013

双击下载的金山打字通 2013 的安装程序文件即可启动安装程序，根据安装向导的提示，可将金山打字通 2013 安装到系统中。

1.2.2 金山打字通 2013 的启动与退出

1. 启动金山打字通 2013

启动金山打字通 2013 可选用下面任意一种方法。

（1） 单击任务栏左端的 （开始）按钮，在弹出的菜单中，依次选择【所有程序】/【金山打字通】/【金山打字通】命令，打开【金山打字通 2013】窗口。

（2） 金山打字通 2013 安装成功后，在 Windows 7 的桌面上会出现金山打字通 2013 的快捷启动图标 ，双击该图标，打开【金山打字通 2013】窗口，如图 1-10 所示。

图1-10 金山打字通 2013 主操作界面

金山打字通 2013 的整个操作界面主要由以下两部分组成。

① 系统标题栏。标题栏位于主操作界面的最上方，标题栏左上角有"金山打字通 2013"的字样，标题栏的右上角从左到右，分别为【登录】按钮 、【每日焦点】按钮 、【更换皮肤】按钮 、【最小化】按钮 、【最大化】按钮 和【关闭】按钮 。

② 功能模块按钮。功能模块按钮位于主操作界面的中央，从左到右依次为【新手入门】、【英文打字】、【拼音打字】、【五笔打字】4 个大按钮，另外还有 、 、 和 4 个小按钮。

2. 用户登录

金山打字通 2013 是一款能对多个用户进行管理的软件，所以在使用该软件时，用户一定要先登录。

单击标题栏中的 ![登录] 按钮，弹出如图 1-11 所示的【登录】对话框。

图1-11 【登录】对话框

在【登录】对话框中，在【创建一个昵称】文本框中输入用户的昵称（可以是英文，也可以是中文），或从【选择现有昵称】列表中选择一个昵称，单击 ![下一步] 按钮，这一步要求用户选择是否绑定 QQ 号，若不绑定，单击对话框的 ![x] 按钮关闭即可。

如果用户成功登录，单击标题栏中的 ![登录] 按钮中的 ![▼] 按钮，从打开的菜单中选择【注销】命令，可退出用户。

如果没有退出用户就关闭金山打字通 2013，当下次启动金山打字通 2013 时，会自动以上一次的用户名登录，并且显示上一次退出时的状态。

成功登录的用户能查看个人的学习记录，系统还能提出学习建议，并跟踪用户打字速度提高的整个过程。

3. 退出金山打字通 2013

单击金山打字通 2013 窗口中的【关闭】按钮 ![x] 即可退出金山打字通 2013。

1.2.3 金山打字通 2013 的功能模块

下面简单介绍一下金山打字通 2013 各功能模块的作用。

1. 新手入门

新手入门模块包括以下 5 关。

（1） 第 1 关——打字常识。讲解键盘各类键的分布、打字姿势、基准键位、手指分工、![Num Lock] 键的使用、小键盘基准键位与手指分工及打字常识测试。

（2） 第 2 关——字母键位。键盘各字母键位的练习。

（3） 第 3 关——数字键位。主键盘数字键位和数字键盘数字键位的练习。

（4） 第 4 关——符号键位。主键盘符号键位的练习。

（5） 第5关——键位纠错。前4关出错键位的强化练习。

2. 英文打字

英文打字模块包括以下3关。

（1） 第1关——单词练习。

（2） 第2关——语句练习。

（3） 第3关——文章练习。

3. 拼音打字

拼音打字模块包括以下4关。

（1） 第1关——拼音输入法。讲解如何打开拼音输入法。

（2） 第2关——音节练习。练习各类音节的输入，包括声母、韵母、整体认读音节、连音词、儿化音、轻声等。

（3） 第3关——词组练习。练习各类词组输入，包括二字词、三字词、四字词、多字词等。

（4） 第4关——文章练习。练习各类文章输入，包括格言、散文、诗词、小说、笑话等。

4. 五笔打字

五笔打字模块包括以下6关。

（1） 第1关——五笔输入法。讲解如何打开五笔输入法。

（2） 第2关——字根分区讲解。讲解五笔字型的基本概念，包括五笔字型中汉字的3个层次、汉字的笔画、字型、字根的区位号、五笔字根、字根的分布规律、五笔字根助记口诀及字根练习。

（3） 第3关——拆字原则。讲解五笔字型中拆字的原则，包括单结构汉字、散结构汉字、连结构汉字、交结构汉字、汉字拆分的原则、书写顺序、取大优先、能连不交、能散不连、汉字的输入、键名汉字的输入、成字字根汉字的输入、基本笔画的输入、输入4个字根的汉字、输入超过4个字根的汉字、输入不足4个字根的汉字、末笔识别码、过关测试。

（4） 第4关——单字练习。

（5） 第5关——词组练习。

（6） 第6关——文章练习。

5. 打字测试

包括英文测试、拼音测试和五笔测试。测试时显示用时、速度、进度和正确率。

6. 打字教程

打字教程共分4篇：新手篇——认识键盘、中级篇——英文打字、高级篇——拼音打字、高级篇——五笔打字。

7. 打字游戏

共10个游戏：幽灵打字、极端拼写、玩泡泡、明星键盘、键盘积木、生死时速、鼠的故事、拯救苹果、太空大战、激流勇进。

8. 在线学习

打开一个网页，里面显示各种热门学习的链接。

1.3　键位输入

前面主要介绍了英文打字的基础知识和金山打字通 2013 的基本情况，下面用金山打字通 2013 来进行实际练习。键位有 3 类：字母键位、数字键位和符号键位。

1.3.1　字母键位练习

字母键位练习是每个初学者学习英文输入的必经阶段，通过这些练习，可以快速地熟悉各键位的位置和键盘指法，为后面的文字输入打好基础。

1．练习要求

（1）　完成金山打字通 2013 提供的所有字母键位练习课程。

（2）　每课练习均需达到每分钟输入 100 个字，错误率不高于 4‰。

2．练习要点

（1）　操作姿势必须正确，手腕必须悬空，切忌弯腰低头，不要把手腕、手臂靠在键盘上。

（2）　打字时禁止看键盘，一定要学会盲打，这一点非常重要。初学者因记不住键位，往往忍不住要看着键盘打字，一定要避免这种情况。若一时记不起键位，可先想一想，实在想不起来再看一下键盘，然后移开眼睛，再按指法要求键入。只有这样，才能逐渐做到凭手感而不是凭记忆去体会每一个键的准确位置。

3．练习步骤

STEP 1　　启动金山打字通 2013，打开【金山打字通 2013】主窗口，选择练习模式。

初次进入练习前，单击 4 个大按钮中的任何一个功能模块按钮，都将弹出如图 1-12 所示的选择一种练习模式对话框，可以选择【自由模式】或【关卡模式】，自由模式可以任选模块随意练习，适合会打字者；关卡模式通过过关斩将、循序渐进的方式逐步训练，适合初学者。在此选择【关卡模式】。

图1-12　选择一种练习模式

STEP 2　　单击打开的主窗口中【新手入门】按钮，进入【新手入门】模块，如图 1-13 所示。

图1-13 【新手入门】模块

STEP 3 在【新手入门】模块中单击【字母键位】按钮，进入【字母键位】练习页面，如图 1-14 所示。

图1-14 【字母键位】练习页面

知识提示 在击键时，主要用力的部位不是手腕，而是手指关节。当练到一定阶段时，手指敏感度加强，可以过渡到指力和腕力并用。

击键时要遵循如下要点。

● 手腕保持平直，手臂保持静止，全部动作只限于手指部分。

● 手指保持弯曲略微拱起，指尖的第 1 关节呈弧形，虚放在基本键位的中央。

● 击键时力量必须适度，用力过重易损坏键盘且手指易疲劳；过轻会导致错误率增加。

● 击键时，只允许伸出要击键的手指，击键完毕必须立即回位。手指在返回基本键位
  时，切忌触摸其他键或停留在非基本键位上。

● 以相同的节奏轻轻击键，不可用力过猛。以指尖垂直向键盘瞬间发力，并立即反
  弹，切不可用手指肚按键。

在【字母键位】练习页面中，最上排给出了字母键位要输入的字母，以及当前要输入的
字母，中间的键盘指示出该字母所对应的键位，最下排指示出所用的手指。

STEP 4　　【字母键位】练习完成后，会弹出图 1-15 所示的询问对话框，询问是否
进行测试。单击 **是** 按钮可进行测试，进入【字母键位过关测试】页面，如图 1-16 所
示。也可在【字母键位】练习页面中，单击 按钮，进入【字母键位过关测试】页面。

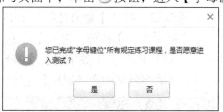

图1-15　询问对话框

图1-16　【字母键位过关测试】页面

在进行测试的过程中，根据页面所显示的字母，按相应字母的键位，一旦敲错了键，或
是用错了手指，可以用右手小指击打退格键BackSpace（即 ←），再重新输入正确的字符，这样
可保证准确率，但降低了打字速度；也可以不加理会，继续进行下一字母的输入，这样可保
证打字速度，但降低了准确率。

测试过关条件是每分钟 30 字，正确率是 95%。测试完毕，系统会显示操作者的打字速
度和准确率。

1.3.2　数字键位练习

数字键位练习包括主键盘数字练习和数字键盘数字键位练习。对于需要专门用小键盘输入数字的读者，可进入此模块中进行练习。如果读者没有这方面的练习需要，可跳过本小节直接进行下一节的练习。

1.　练习要求

（1）　完成金山打字通 2013 提供的所有数字键位练习课程。

（2）　每课练习均需达到每分钟输入 100 个字，错误率不高于 4‰。

2.　练习要点

（1）　操作姿势必须正确，手腕必须悬空，切忌弯腰低头，不要把手腕、手臂靠在键盘上。

（2）　打字时禁止看键盘，一定要坚持盲打，这一点非常重要。

3.　练习步骤

STEP 1　启动金山打字通 2013，打开【金山打字通 2013】主窗口。

STEP 2　单击主窗口中【新手入门】按钮，进入【新手入门】模块（见图 1-13）。

STEP 3　在【新手入门】模块中单击【数字键位】按钮，进入【数字键位（主键盘）】练习页面，如图 1-17 所示。该页面默认的数字键位是主键盘数字键位。

图1-17　【数字键位（主键盘）】练习页面

在【数字键位（主键盘）】练习页面中，最上排给出了字母键位要输入的数字，以及当前要输入的数字，中间的键盘指示出该数字所对应的键位，最下排指示出所用的手指。

STEP 4　【数字键位（主键盘）】练习完成后，会弹出类似于图 1-15 所示的询问对话框，询问是否进行测试。单击 [是] 按钮，可进入【数字键位过关测试】页面进行测试，如图 1-18 所示。也可在【数字键位（主键盘）】练习页面中，单击 按钮，进入【数字键位过关测试】页面。

图1-18 【数字键位过关测试】页面

数字键位的测试与字母键位的测试类似，在进行测试过程中，用户可权衡速度和准确率，对敲错的数字，可以修改也可以不修改。

STEP 5 在【数字键位（主键盘）】练习页面中，单击 按钮，进入【数字键位（小键盘）】练习页面，如图 1-19 所示。

图1-19 【数字键位（小键盘）】练习页面

在【数字键位（小键盘）】练习页面中，最上排给出了字母键位要输入的数字，以及当前要输入的数字，中间的键盘指示出该数字所对应的键位，最下排指示出所用的手指。

STEP 6 【数字键位（小键盘）】练习完成后，会弹出类似于图 1-15 所示的询问对话框，询问是否进行测试。单击 是 按钮，可进行测试，进入【数字键位过关测试】页面（见图 1-18）。也可在【数字键位（小键盘）】练习页面中，单击 按钮，进入【数字键位过关测试】页面。

1.3.3　符号键位练习

符号键位也是英文打字的基础。在进行符号键位的练习时，同样要注意指法的正确性。

1．练习要求

（1）　完成金山打字通 2013 提供的所有符号键位练习课程。

（2）　每课练习均需达到每分钟输入 100 个字，错误率不高于 4‰。

2．练习要点

（1）　操作姿势必须正确，手腕必须悬空，切忌弯腰低头，不要把手腕、手臂靠在键盘上。

（2）　打字时禁止看键盘，一定要坚持盲打，这一点非常重要。

3．练习步骤

STEP 1　启动金山打字通 2013，打开【金山打字通 2013】主窗口。

STEP 2　单击主窗口中的【新手入门】按钮，进入【新手入门】模块（见图 1-13）。

STEP 3　在【新手入门】模块中单击【符号键位】按钮，进入【符号键位】练习页面，如图 1-20 所示。

图1-20　【符号键位】练习页面

在【符号键位】练习页面中，最上排给出了字母键位要输入的符号及当前要输入的符号，中间的键盘指示出该符号所对应的键位，最下排指示出所用的手指。

STEP 4　【符号键位】练习完成后，会弹出类似于图 1-15 所示的询问对话框，询问是否进行测试。单击　　按钮，可进行测试，进入【符号键位过关测试】页面，如图 1-21 所示。也可在【符号键位】练习页面中，单击 🗒 按钮，进入【符号键位过关测试】页面。

符号键位的测试与字母键位的测试类似，在进行测试过程中，用户可权衡速度和准确率，对敲错的符号，可以修改也可以不修改。

图1-21 【符号键位过关测试】页面

1.3.4 键位输入游戏

通过前面两节的练习，相信读者对各键位的位置和键盘的指法已经非常熟悉了。下面来玩几个打字游戏，在玩的过程中进一步提高对各键位的熟悉程度，锻炼用户的反应能力，同时也可增强对打字的兴趣和积极性。

1. "拯救苹果"游戏

"拯救苹果"游戏主要是检验读者对各键位的熟悉程度。游戏的具体玩法是：一个个诱人的苹果从苹果树上往下落，只要能正确敲击显示在苹果上的字母，苹果就会被竹篮接住，不会落在地上，那么拯救苹果的计划就成功了。

STEP 1 启动金山打字通 2013，打开其主窗口。单击 打字游戏 按钮，进入【打字游戏】窗口，如图 1-22 所示。

图1-22 打字游戏画面

STEP 2 单击【拯救苹果】选项，进入"拯救苹果"游戏的起始画面，如图 1-23 所示。

图1-23 "拯救苹果"游戏起始画面

STEP 3 单击 开始 按钮开始游戏，如图 1-24 所示。

图1-24 开始"拯救苹果"游戏

STEP 4 按照苹果上面的字母敲击相应的键位，苹果便会落入右下角的竹篮中。

在游戏画面的左下角有 5 个按钮，游戏开始前可单击 设置 按钮，打开图 1-25 所示的【功能设置】面板，调整游戏的难易级别。

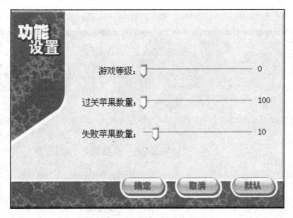

图1-25 调整游戏的难易级别

- 【游戏等级】：按住鼠标左键沿左右方向拖曳鼠标调节控制杆，可以设置苹果的下落速度。
- 【过关苹果数量】：按住鼠标左键沿左右方向拖曳鼠标调节控制杆，可以设置过关需要接到的苹果数目。
- 【失败苹果数量】：按住鼠标左键沿左右方向拖曳鼠标调节控制杆，可以设置有多少个苹果没接到就不能过关。

游戏开始后可随时单击 暂停 按钮或 结束 按钮来暂停或结束游戏。如想玩其他游戏，可单击 退出 按钮退出"拯救苹果"游戏，返回到游戏主画面，再选择进入其他游戏。

2. "鼠的故事"游戏

"鼠的故事"游戏也用于检验用户对键位的熟悉程度。游戏的具体玩法是：在鼹鼠出洞的有限时间内将鼹鼠打回地下，否则屏幕左下方的一个胡萝卜将会被鼹鼠偷走，如果在游戏设定的时间内胡萝卜全部被偷走，那么就会输掉本次游戏；如果在规定时间内胡萝卜没有被全部偷走，那么就赢得了本次游戏。

STEP 1 启动金山打字通 2013，打开其主窗口。单击 打字游戏 按钮，进入【打字游戏】窗口（见图1-22）。

STEP 2 单击【鼠的故事】选项，进入"鼠的故事"游戏起始画面，如图1-26所示。

图1-26 "鼠的故事"游戏起始画面

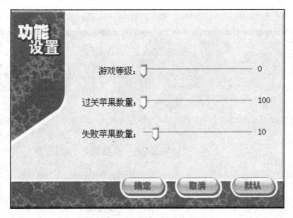

STEP 3 单击 开始 按钮开始游戏，如图 1-27 所示。

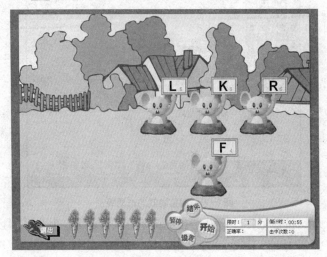

图1-27 开始"鼠的故事"游戏

STEP 4 根据鼹鼠手中牌子显示的内容敲击相应的键位，使鼹鼠被击回洞穴中。

在游戏画面的右下角有 4 个游戏状态参数，分别是【限时】、【倒计时】、【正确率】和【击中次数】。用户可以通过这 4 个参数清楚地了解自己在游戏中的成绩。

单击 设置 按钮可打开图 1-28 所示的【功能设置】面板，调整游戏的级别。

图1-28 设置游戏参数

● 【游戏时间】：按住鼠标左键沿左右方向拖曳鼠标调节控制杆，可以设置游戏时间的
  长短。

● 【鼹鼠出现间隔】：按住鼠标左键沿左右方向拖曳鼠标调节控制杆，可以设置游戏速
  度，通过控制每个鼹鼠出现的延迟时间来调整游戏的速度。

● 【停留时间】：按住鼠标左键沿左右方向拖曳鼠标调节控制杆，可以设置鼹鼠在屏幕
  上停留时间的长短，从左到右停留时间逐渐变长。

3. "太空大战"游戏

"太空大战"游戏的玩法为，英文字母编号的敌机和陨石从空中徐徐降落，用户通过正确、快速地敲击与敌机或陨石编号相同的字母即可将它们击落。在敌机或陨石下落的同时，屏幕上还偶尔会飞过单词，如将其完整输入则可延长生命值。当生命值为零时，游戏结束。

STEP 1 启动金山打字通 2013，打开其主窗口。单击  按钮，进入【打字游戏】窗口（见图 1-22）。

STEP 2 单击【太空大战】选项，进入"太空大战"游戏起始画面，如图 1-29 所示。

图1-29 "太空大战"游戏起始画面

STEP 3 单击 开 始 按钮开始游戏，此时屏幕上出现标有字母的敌机和陨石，如图 1-30 所示。

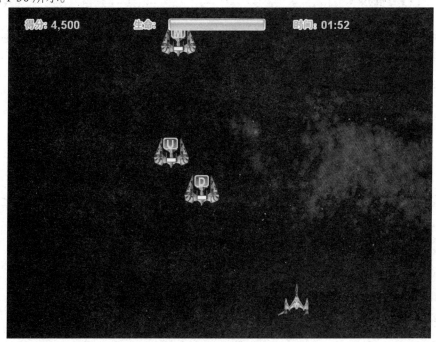

图1-30 开始"太空大战"游戏

STEP 4 敲击与敌机或陨石上的字母相同的键位将它们击落。

在游戏开始之前，单击 选项 按钮，可打开游戏的【功能设置】面板，在其中设置游戏参数，如图 1-31 所示。

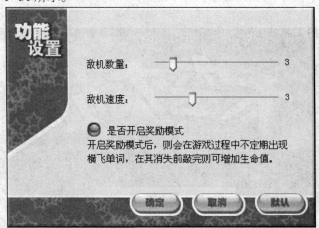

图1-31 设置游戏功能参数

- 【敌机数量】：按住鼠标左键沿左右方向拖曳鼠标调节控制杆，可以设置敌机同时出现的数量。
- 【敌机速度】：按住鼠标左键沿左右方向拖曳鼠标调节控制杆，可以通过设置每个敌机出现的延迟时间来调整游戏的速度。
- 【是否开启奖励模式】：如果开启奖励模式，则在游戏过程中会不定期出现横飞的单词，在其消失之前准确敲完这些单词可以延长生命值。

1.4 单词输入

前面的键位输入主要提高了读者对键盘的熟悉程度和键盘指法的应用能力，本节来练习单词的输入，进一步提高英文输入能力。

1.4.1 单词输入练习

1. 练习要求

（1） 严格按照前面学习的键盘指法进行词组的输入练习。

（2） 单词的输入速度需达到 100（KPM），错误率不高于 4‰。

2. 练习要点

（1） 操作姿势必须正确，手腕必须悬空，切忌弯腰低头，也不要把手腕、手臂靠在键盘上。

（2） 打字时禁止看键盘，坚持盲打。

3. 练习步骤

STEP 1 启动金山打字通 2013，打开【金山打字通 2013】主窗口。

STEP 2 单击主窗口中的【英文打字】按钮，进入【英文打字】模块，如图 1-32 所示。

图1-32 【英文打字】模块

STEP 3 在【英文打字】模块中单击【单词练习】按钮，进入【单词练习】页面，如图 1-33 所示。

图1-33 【单词练习】页面

在【单词练习】页面中，最上排给出了要输入的各单词，中间的键盘指示出当前字母所对应的键位。输入过程中，输错的字母用红色标出，用户可以修改错误的输入，也可以不加理会，继续输入。

用户可根据需要，在【课程选择】下拉列表（见图 1-34）中选择所需要的课程。

图1-34 【课程选择】下拉列表

STEP 4 【单词练习】练习完成后，会弹出类似于图 1-15 所示的询问对话框，询问是否进行测试。单击 按钮，可进行测试，进入【单词练习过关测试】页面，如图 1-35 所示。也可在【单词练习】页面中，单击 按钮，进入【单词练习过关测试】页面。

图1-35 【单词练习过关测试】页面

1.4.2 单词输入游戏

完成了单词的课程练习后，再来玩个游戏——"激流勇进"，以检验读者单词输入的能力。

"激流勇进"游戏的玩法为，将 6 只青蛙成功引渡过河，不受时间的限制。游戏开始后，河面上按一定方向水平漂动着 3 层荷叶，且每个荷叶上都有一个单词。当用户敲对第 1

层中任意荷叶上的单词时，青蛙会跳到该荷叶上，然后再敲第 2 层中任意荷叶上的单词，敲对了青蛙会跳到该荷叶上去，接着再敲第 3 层中任意荷叶上的单词，如果敲对了这只青蛙就成功过河了。

STEP 1 启动金山打字通 2013，打开其主窗口。单击 [打字游戏] 按钮，进入【打字游戏】窗口（见图 1-22）。

STEP 2 单击【激流勇进】选项，进入"激流勇进"游戏起始画面，如图 1-36 所示。

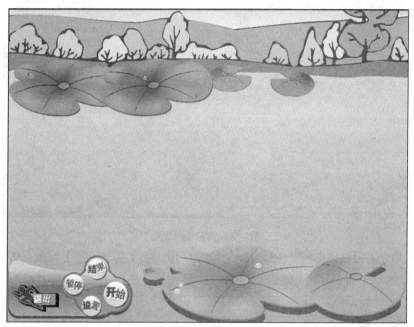

图1-36 "激流勇进"游戏起始画面

STEP 3 单击 [开始] 按钮开始游戏，此时屏幕上出现 3 层荷叶，如图 1-37 所示。

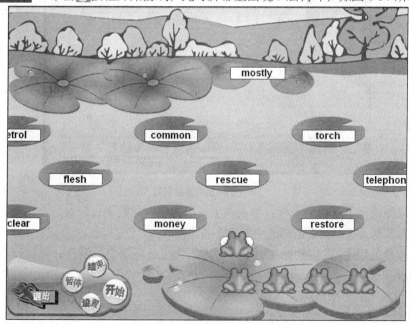

图1-37 开始"激流勇进"游戏

STEP 4 按顺序敲击 3 层任意荷叶上的单词，将青蛙送过河，如图 1-38 所示。

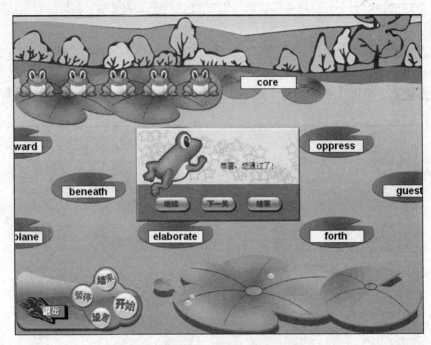

图1-38 青蛙全部过河

　　游戏开始之前可以单击 按钮，打开图 1-39 所示的【功能设置】面板，从中选择词库和游戏的难度。

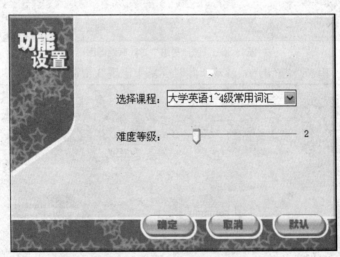

图1-39 游戏参数面板

- 【选择课程】下拉列表框：单击该下拉列表框右端的下拉箭头，会出现各阶段词汇表的名称，每个词汇表都是一个独立的课程。
- 【难度等级】：按住鼠标左键沿左右方向拖曳鼠标调节控制杆，可以设置游戏难度等级。

1.5 语句输入

前面的单词输入为英文打字奠定了基础，本节来练习语句的输入，进一步提高英文输入能力。

1. 练习要求

（1） 严格按照前面学习的键盘指法进行语句的输入练习。

（2） 语句的输入速度需达到 100（KPM），错误率不高于 4‰。

2. 练习要点

（1） 操作姿势必须正确，手腕必须悬空，切忌弯腰低头，不要把手腕、手臂靠在键盘上。

（2） 打字时禁止看键盘，坚持盲打。

3. 练习步骤

STEP 1 启动金山打字通 2013，打开【金山打字通 2013】主窗口。

STEP 2 单击主窗口中的【英文打字】按钮，进入【英文打字】模块（见图 1-32）。

STEP 3 在【英文打字】模块中单击【语句练习】按钮，进入【语句练习】页面，如图 1-40 所示。

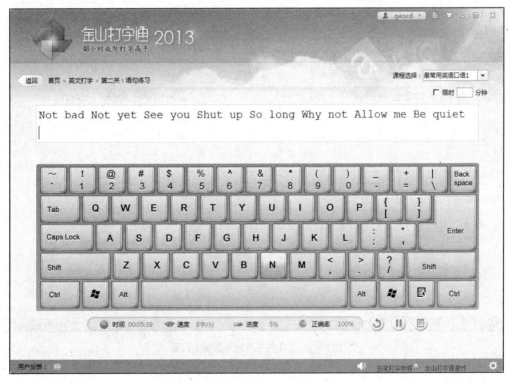

图1-40 【语句练习】页面

在【语句练习】页面中，最上排给出了要输入的各语句，中间的键盘指示出当前字母所对应的键位。输入过程中，输错的字母用红色标出，用户可以修改错误的输入，也可以不加理会，继续输入。

用户可根据需要，在【课程选择】下拉列表（见图 1-41）中选择所需要的课程。

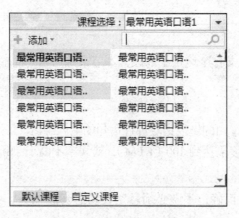

图1-41 【课程选择】下拉列表

STEP 4 【语句练习】练习完成后，会弹出类似于图 1-15 所示的询问对话框，询问是否进行测试。单击 是 按钮，可进行测试，进入【语句练习过关测试】页面，如图 1-42 所示。也可在【语句练习】练习页面中，单击 按钮，进入【语句练习过关测试】页面。

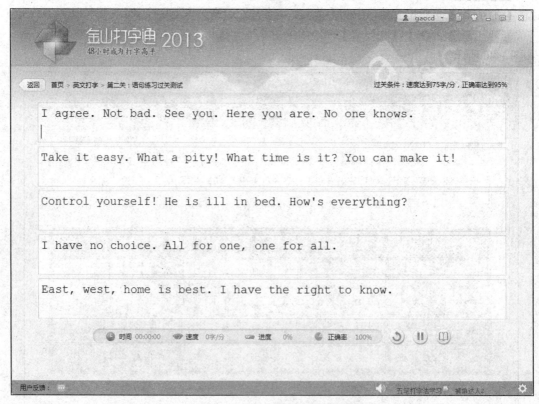

图1-42 【语句练习过关测试】页面

1.6 文章输入

文章输入是为了使读者更快地提高英文的整体打字水平。通过文章输入，读者可以更加熟练地掌握各种常用单词，还可以把握英文句子的输入节奏，更快地提高打字速度。

1.6.1 文章输入练习

1. 练习要求

（1） 严格按照前面学习的键盘指法进行文章的输入练习。

（2） 文章的输入速度需达到 100（KPM），错误率不高于 4‰。

2. 练习要点

（1） 操作姿势必须正确，手腕必须悬空，切忌弯腰低头，不要把手腕、手臂靠在键盘上。

（2） 打字时仍然禁止看键盘，坚持盲打。

3. 练习步骤

STEP 1 启动金山打字通 2013，打开【金山打字通 2013】主窗口。

STEP 2 单击主窗口中的【英文打字】按钮，进入【英文打字】模块（见图 1-32）。

STEP 3 在【英文打字】模块中单击【文章练习】按钮，进入【文章练习】页面，如图 1-43 所示。

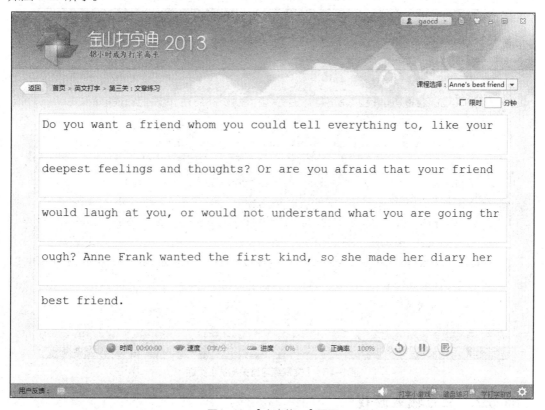

图1-43 【文章练习】页面

在【文章练习】页面中，给出了要输入的文章，在输入过程中，输入错的字母用红色标出，用户可以选择是否修改错误的输入。

用户可根据需要，在【课程选择】下拉列表（见图 1-44）中选择所需要的课程。

图1-44　【课程选择】下拉列表

STEP 4 　【文章练习】练习完成后，会弹出类似于图 1-15 所示的询问对话框，询问是否进行测试。单击 ▣ 按钮，可进行测试，进入【文章练习过关测试】页面，如图 1-45 所示。也可在【文章练习】练习页面中，单击 ▣ 按钮，进入【文章练习过关测试】页面。

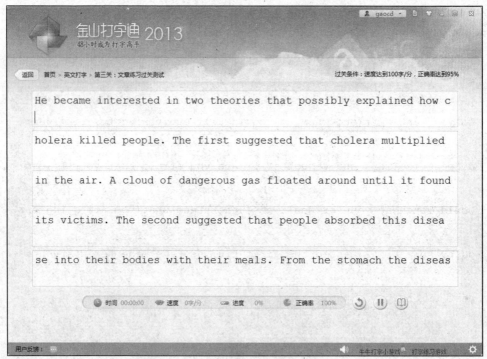

图1-45　【文章练习过关测试】页面

1.6.2　文章输入游戏

金山打字通 2013 同样也提供了一个检验文章输入能力的游戏——"生死时速"。"生死时速"是角色扮演类游戏，分单人游戏和多人游戏两种。

在单人游戏中，可任意选择角色（小偷或警察），然后根据输入栏内的文章敲入字母，敲对了角色前进；如果敲错，角色停止前进，直到敲对以后才能继续前进。角色跑完所有道路后，如果警察还没有追上小偷，小偷就取得胜利；如果警察追上小偷，警察就取得胜利。在游戏设置中可以选择加速工具，以便加快自身的行进速度。

多人游戏需要两台计算机在局域网中，两个用户事先选好角色，然后进行网络连接，连接上后开始游戏。两人中谁的打字速度更快，谁就获胜。

STEP 1 启动金山打字通 2013，打开其主窗口。单击 🖥 打字游戏 按钮，进入【打字游戏】窗口（见图 1-22）。

STEP 2 单击【生死时速】选项，进入"生死时速"游戏起始画面，如图 1-46 所示。

图1-46 "生死时速"游戏起始画面

STEP 3 单击 单人游戏 按钮，进入游戏选择画面，选择角色、加速工具及练习文章，如图 1-47 所示。

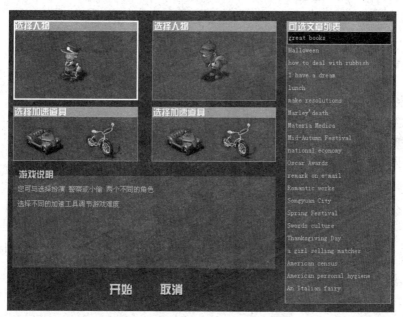

图1-47 选择角色、加速工具及文章

在游戏中，用户必须选择加速道具，在选择的道具中汽车的速度比摩托车快。

STEP 4 单击 **开始** 按钮开始游戏。根据提示栏中的英文，正确输入相应的字母或标点，角色就可沿着道路前进，如图 1-48 所示。

e making of lists of 'great books'. There have always been more books

图1-48 开始"生死时速"游戏

在单人游戏中，单击 **开始** 按钮进入游戏，此时游戏并没有开始计时，直到敲击第 1 个有效键后计时才开始。

1.7 小结

本章主要介绍了英文输入的相关知识，其中包括以下几点。

● 键盘的主要分区和按键的使用方法。
● 键盘的基本键位和手指分工。
● 金山打字通 2013 的操作界面及功能。
● 正确的击键姿势和打字姿势。
● 英文、数字及标点符号的输入指法。

通过本章的学习，希望读者不仅能够掌握快速输入英文的技能，更主要的是要学会键盘的输入指法，尤其是要掌握盲打的方法，以便为后面的中文输入打下一个良好的基础。

第 2 章
搜狗拼音输入法

学会英文输入也是为中文输入打下基础，在以中文为主要语言的中国，人们学习打字的最终目的还是要学会如何快速输入中文。因此从本章开始，将系统地介绍中文输入的各种方法。在本章中，首先向读者介绍一些中文输入法的基础知识，然后再介绍搜狗拼音输入法的使用方法。

学习目标

- 理解中文输入法的基本概念。
- 了解中文输入法的分类及常用的汉字输入法。
- 中文搜狗输入法的基本操作。
- 理解搜狗拼音输入法的规则，熟练掌握汉字的输入。

重点和难点

- 中文输入法的基本概念。
- 搜狗拼音输入法的规则。
- 搜狗拼音输入法字、词、句的输入。

2.1 中文输入法基础

　　最早在计算机中处理的文字只有英文，因此作为文字主要输入工具的键盘上面只有 26 个用于输入英文的字母键。随着计算机的发展和普及，只处理英文显然不能满足人们尤其是以使用中文为主的中国用户的需要。于是，如何只使用 26 个字母键而将几万个汉字输入计算机中，曾在相当长的时间里是我国计算机界面临的一个很大难题。

　　为了解决这个难题，人们根据汉字的音、形、义等特征，对汉字进行了编码处理，再通过一定的规则将编码与键盘上的字母键位联系在一起，使用户只通过 26 个字母键便可以将汉字输入计算机中，这便是汉字编码的由来。人们平时使用的各种中文输入法，大部分都是基于汉字编码的原理研究开发出来的。

2.1.1　中文输入法的基本概念

要学好中文输入法，应掌握中文输入法的一些基本概念。下面介绍这些基本概念。

1．汉字的内码与外码

因为字符在计算机中是按 ASCII 码存储的，一个 ASCII 码存储时占用 1 个字节的存储空间。由于英文字符较少，1 个字节就能表示所有的英文字符。而汉字比英文字符多得多，存储时需要占用 2 个字节的存储空间。我们把汉字存储时的编码叫做汉字的内码。

由于英文字符可通过键盘直接输入，而汉字无法通过键盘直接输入。各种汉字输入法都是把汉字用键盘上的字母进行编码的，这个编码叫做汉字的外码。汉字输入法的一个功能就是把汉字的外码转换为相应的内码。

2．汉字的编码标准

把一个汉字用 2 个字节存储要遵循一定的编码标准，汉字编码标准有多个，以下是常用的汉字编码标准。

（1）　GB 2312—80。最早的汉字编码标准是 GB 2312—80，该标准共收录了 7 445 个字符，包括 6 763 个汉字和 682 个其他符号。GB 2312—80 中的汉字分为两个级别：最常用的汉字称为一级汉字，共 3 755 个，按汉语拼音的顺序排列；其余的汉字称为二级汉字，共 3 008 个，按部首和笔画的顺序排列。

（2）　GBK。由于 GB 2312—80 中的繁体字太少，不利于信息交流和交换。1995 年 12 月 15 日发布和实施了汉字编码标准 GBK，全称是"汉字内码扩展规范"，GB 即"国标"，K 是"扩展"的汉语拼音第一个字母。

GBK 是对 GB 2312—80 的扩充，并且与 GB 2312—80 兼容，即 GB 2312—80 中的任何一个汉字，其编码与在 GBK 中的编码完全相同。GBK 共收入 21 886 个汉字和图形符号，其中汉字（包括部首和构件）21 003 个，图形符号 883 个。微软公司自 Windows 95 简体中文版开始采用 GBK 编码。

（3）　BIG-5 码是通行于我国台湾省、香港特别行政区等地区的一个繁体字编码方案，俗称"大五码"。它并不是一个法定的编码方案，但它广泛地被应用于计算机业，尤其是因特网中，从而成为一种事实上的行业标准。

BIG-5 码收录了 13 461 个符号和汉字，包括符号 408 个、汉字 13 053 个。汉字分常用字和次常用字两部分，各部分中汉字按笔画／部首排列，其中常用字 5 401 个、次常用字 7 652 个。BIG-5 码与 GB 2312—80 不兼容。

3．半角字符与全角字符

汉字编码标准 GB 2312—80、GBK 和 BIG-5 中，都收录了一些常用的字符，这些字符在存储时也占用 2 个字节的存储空间。我们把这些字符称为全角字符。与此相对应，ASCII 码中的字符称为半角字符。

有些全角字符是半角字符所没有的，如§、☆、◇、℃等，有些全角字符与半角字符看上去相同，如全角字符Ａ、＜、＞、％与半角字符 A、<、>、%，但两者完全不同。全角字符存储时占 2 个字节的储存空间，半角字符存储时占 1 个字节的储存空间；1 个全角字符显示时的宽度是 2 个半角字符的宽度。

常用的汉字输入法都有全角／半角字符开关，在输入字符时，可在全角／半角字符之间切换。在 2.3 节中将详细介绍。

4. 英文标点与中文标点

在 ASCII 码表中，有大量的标点符号，一般把这些标点符号称为英文标点符号。同样，在 GB 2312—80、GBK 和 BIG-5 中，也有大量的标点符号，这些标点符号称为中文标点符号。

有些中文标点是英文标点所没有的，如顿号（、）等，有些全角字符与半角字符看上去相同，如中文逗号（，）中文冒号（：），英文逗号（,）英文冒号（:），但两者完全不同。中文标点存储时占 2 个字节的储存空间，英文标点存储时占 1 个字节的储存空间；1 个中文标点显示时的宽度是 2 个英文字符的宽度。

2.1.2　中文输入法的分类

虽然各种中文输入法的最终目的都是将汉字进行编码后再输入计算机中，但由于各自的编码方式不同，出现了不同的中文输入法。目前，中文输入法已经有数百种，已在计算机上运行的也有几十种。如此众多的中文输入法，归纳起来共有如下几类。

1. 流水码

汉字编码都是根据某个汉字编码标准（如 GB 2313—80、电报编码）制订的，一个汉字编码标准中，每个汉字都有唯一的一个序号，根据这个序号所制订的汉字编码就是流水码。根据 GB 2313—80 标准的流水码叫做区位码（因为每个汉字都有唯一的区号和位号），根据电报编码标准的流水码叫做电报码。

在流水码方案中，由于每个汉字都有一个唯一的编码，因此重码率为零，可以实现高速盲打。这种编码方案的缺点是一个汉字只对应一个编码，而且编码没有规律，用户需要记忆的量非常大，只适用于某些专业人员，如电报员、通信员等。由于适用范围太小，此类输入法目前已基本被淘汰。

2. 音码

音码是按照汉语拼音的规则对汉字进行编码。例如，输入"汉"这个字时，只需键入与其汉语拼音对应的字母"han"即可。采用这种编码方案的输入法被统称为拼音输入法，常见的有全拼、智能 ABC、微软拼音、搜狗拼音、紫光拼音、拼音加加等。

音码类的输入法简单易学，不需要特殊记忆，用户只要会汉语拼音便可以输入汉字。早期的拼音输入法有许多缺点，一是同音字太多，重码率高，输入效率低；二是对用户的发音要求较高；三是难于处理不认识的生字，不适于专业的打字员。

3. 形码

形码是根据汉字的笔画和部首等字形信息对汉字进行编码，再由这些编码组合成汉字。采用这种编码方案的输入法常见的有五笔字型、郑码、表形码等。形码最大的优点是重码少，不受方言干扰，用户只要经过一段时间的训练，就可以达到很高的输入速度，是专业打字人员的首选，也是目前较受欢迎的一类输入法。形码的缺点是需要记忆的规则较多，长时间不用会忘记。

4. 音形码

音形码吸取了音码和形码的优点，将二者混合使用，常见的有钱码、自然码等。自然码是目前比较常用的一种音形码。这种输入法以音码为主，以形码作为可选辅助编码，而且其形码采用"切音"法，即使是不认识的汉字也能输入。这种输入法的特点是打字速度较快，又不需要专门培训，适合那些对打字速度有一定要求的非专业打字人员使用，如记者、作家等。相对于音码和形码，目前使用音形码的用户还比较少。

2.1.3　常用的中文输入法

前面介绍了几类汉字编码方案，每一类方案都有一些具有代表性的输入法，下面简单介绍几种常用的中文输入法。

1.　区位输入法

区位码是流水码的典型代表，其实就是国标 GB 2312—80 通用汉字字符集及其交换码中的汉字区位编码。区位码将汉字和符号放在一个 94×94 的方阵中，每个汉字对应一个唯一的行号和列号。"行"就是区，编码从 01～94；"列"就是位，编码也是从 01～94。这样，一个汉字就由 4 位区位编码标识，前两位是区号，后两位是位号。例如，"汉"这个字在第 26 区、26 位，其区位码即为"2626"。在区位码输入方式下，只要键入一个汉字的区位码就可以将其输入，绝无重码。但如果要快速输入汉字，用户则需记住每个汉字的区位码，这不是朝夕之间便可办到的，因此区位输入法目前已基本被淘汰，只有在输入某些特殊符号时才会使用。

2.　智能 ABC 输入法

智能 ABC 输入法（又称标准输入法）是中文 Windows 系统自带的一种汉字输入方法，它由北京大学的朱守涛教授发明，是采用音码编码方案的典型代表。在使用智能 ABC 输入汉字时，按照汉语拼音的规则，通过敲击一系列的英文字母再配以 Space （空格）键来完成汉字的输入。它有全拼、简拼、混拼、音形、笔形、双打 6 种输入模式，还具有自动记忆、自动分词构词、词频调整、手动造词等功能。用户如果能够掌握其中的输入技巧，就可以达到较高的文字录入速度。

3.　微软拼音输入法

微软拼音输入法是微软公司和哈尔滨工业大学联合开发的智能化拼音输入法，也是使用音码方案的典型代表。这种输入法最大的特点是能够整句输入，用户可以连续输入整句话的拼音而不必关注每一个字、每一个词的转换，该输入法会根据用户键入的上下文智能地将拼音转换成汉字。这样既保证了用户的思维流畅，又大大提高了输入效率。微软拼音的另一个特色功能是模糊音设置，设置了模糊音后，即使是那些说话带地方口音的用户，也能够拼出正确的汉字。另外，它的"自学习"和"自造词"功能，可以在短时间内"学会"用户的专业术语和用词习惯。也就是说，用户使用它的时间越长，其拼音转换的准确率会越高，文字的输入速度自然就会越快。正是由于这些优点，使许多对输入速度要求不太高并且熟悉拼音的用户非常喜欢它。

4.　搜狗拼音输入法

搜狗拼音输入法是 2006 年 6 月由搜狐公司推出的一款 Windows 平台下的汉字拼音输入法，至今已推出多个版本。搜狗拼音输入法是基于搜索引擎技术的、特别适合网民使用的、新一代的输入法产品，用户可以通过互联网备份自己的个性化词库和配置信息。可以单字输入，也可以词组输入，还可以整句输入，为中国国内现今主流汉字拼音输入法之一。在 2.3 节中将详细介绍这种输入法的使用方法。

5.　五笔字型输入法

五笔字型输入法是一种将汉字字型先分解、再拼形输入的中文输入方法，它是形码的典型代表。该方案根据汉字的结构层次，将组成汉字的基本单位——字根，科学地分布到 25 个字母键上（除字母键 Z 以外），再通过一定的规则将字根像搭积木一样拼合成汉字输入计算机中。这种输入方法重码少，不受方言干扰，只要经过一段时间的训练，就可以达到很高的输入速度。因此，专业的文字录入人员一般喜欢使用五笔字型输入法。此输入法作为本书的重点将在后面的章节中进行详细介绍。

2.2 搜狗拼音输入法的基本操作

中文 Windows 操作系统，特别是中文 Windows 7，是用户目前最常使用的中文操作系统。读者平时使用的各种软件，都是在这个系统平台上运行的。熟悉中文 Windows 系统的用户都知道，Windows 自带了一些常用的中文输入法，以方便用户在各种软件环境中输入中文。但是，在默认状态下，Windows 系统支持的是英文输入，当输入中文时，需要事先打开中文输入法。如果读者习惯使用的输入法没有安装，就需要自己手动安装。

2.2.1 安装搜狗拼音输入法

搜狗拼音输入法不是 Windows 7 内置的汉字输入法，需要先下载搜狗拼音输入法安装文件，然后运行这个安装文件，正确安装后，才能使用搜狗拼音输入法。

搜狗拼音输入法的下载网站是"http://pinyin.sogou.com/"，打开该网页后，单击该网页中的【下载】按钮，系统会自动下载搜狗拼音输入法安装文件。

待安装文件下载完后，双击下载的文件图标即可进行安装。安装也比较方便，只要一直按默认设置安装即可。

2.2.2 打开与关闭搜狗拼音输入法

进入 Windows 7 时，系统便自动加载了一个语言栏。语言栏是一个浮动的工具条（见图 2-1），既可以放置在桌面上，也可以最小化到任务栏上。为了方便使用，一般将语言栏最小化到任务栏上。

图2-1 语言栏

将浮动的语言栏最小化的方法是，单击语言栏最右上角的 — 按钮。将最小化的语言栏还原为浮动状态的方法是，单击任务栏上语言栏最右上角的 ▱ 按钮。

1. 打开搜狗拼音输入法

Windows 7 启动后，默认的输入法状态是英文状态，打开搜狗拼音输入法的方法是：单击语言栏上的 EN 按钮，在打开的语言选择菜单（见图 2-2）中选择【中文(简体，中国)】命令，这时语言栏如图 2-3 所示，单击语言栏中的 按钮，弹出中文输入法列表（见图 2-4），从该列表中选择"中文（简体）-搜狗拼音输入法"。

图2-2 语言选择菜单

图2-3 中文状态的语言栏

图2-4 中文输入法列表

打开搜狗输入法后，屏幕上会出现搜狗输入法状态条，如图2-5所示。

需要注意的是，所选择的输入法是针对当前窗口的，而不是针对所有的窗口，所以经常会遇到这种情况，在一个窗口选择一种输入法后，当切换到另外一个窗口时，发现输入法变了。

图2-5 搜狗输入法状态条

多学一招 在 Windows 7 中，按 Ctrl + Shift 组合键，它可以使读者在各输入法之间任意转换。也可以按 Ctrl + Space 组合键将当前的中文输入法暂时关闭，以恢复到英文输入状态，需要时可再次按 Ctrl + Space 组合键将该中文输入法打开。

2. 关闭搜狗拼音输入法

关闭中文输入法有以下两种方法。

（1） 按 Ctrl +空格键。

（2） 单击语言栏上的 CH 按钮，在打开的语言选择菜单（见图 2-2）中选择【英语(美国)】命令。

2.2.3 设置搜狗拼音输入法

安装后的搜狗输入法，有其默认的设置。实际应用中，可根据个人喜好对搜狗输入法进行设置，以更方便地使用。

1. 设置候选词个数

搜狗输入法在输入汉字时，默认的候选词有 5 个（见图 2-6），也可设置候选词的个数为 3~9 个。图 2-7 所示为 9 个候选词。

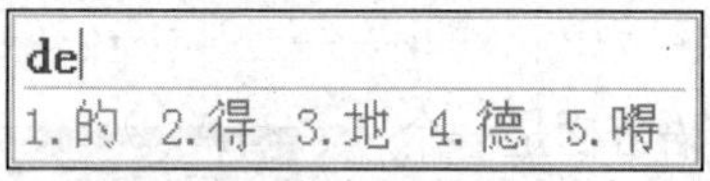

de
1.的 2.得 3.地 4.德 5.嘚

de
1.的 2.得 3.地 4.德 5.嘚 6.德 7.锝 8.底 9.得

图2-6 5 个候选词 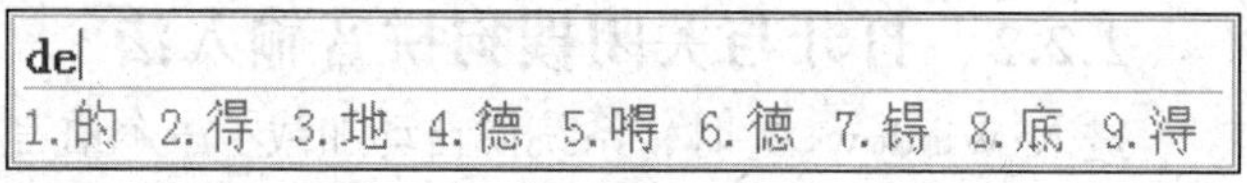　　　　　　　　　　　图2-7 9 个候选词

设置候选词个数的步骤如下。

STEP 1 在状态条上单击鼠标右键，弹出如图 2-8 所示的快捷菜单。

图2-8 快捷菜单

STEP 2 在快捷菜单中选择【设置属性】命令，弹出图 2-9 所示的【属性设置】对话框。

图2-9 【属性设置】对话框

STEP 3 在【属性设置】对话框中，选择【外观】选项卡，【属性设置】对话框如图 2-10 所示。

图2-10 【外观】选项卡

STEP 4 在【候选项数】下拉列表中选择所需要的项数。

STEP 5 单击 确定 按钮。

第 2 章 搜狗拼音输入法

2. 自定义短语

自定义短语是通过特定字符串来输入自定义好的文本。设置自己常用的自定义短语可以提高输入效率，例如把"master@qq.com"定义为 xx，输入汉字时输入了 xx，然后按下空格就输入了"master @qq.com"。

自定义短语的步骤如下。

STEP 1 在状态条上单击鼠标右键，弹出快捷菜单（见图2-8）。

STEP 2 在快捷菜单中选择【设置属性】命令，弹出【属性设置】对话框（见图2-9）。

STEP 3 在【属性设置】对话框中，选择【高级】选项卡，弹出【自定义短语设置】对话框，如图2-11 所示。

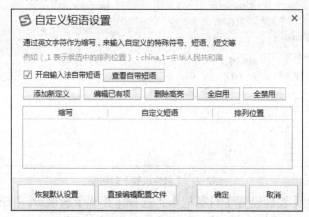

图2-11 【自定义短语设置】对话框

STEP 4 在【自定义短语设置】对话框中，单击 添加新定义 按钮，弹出【添加自定义短语】对话框，如图 2-12 所示。

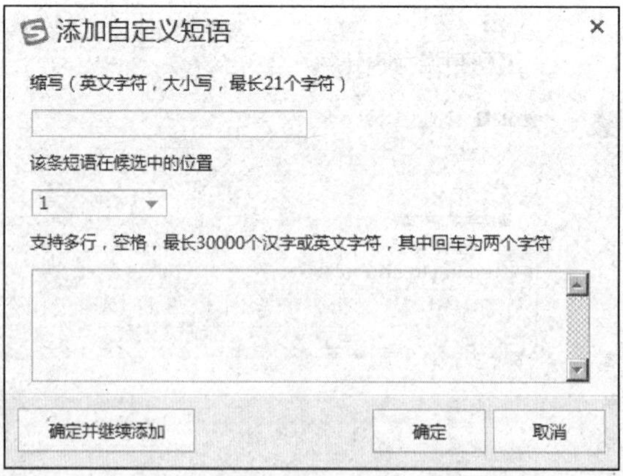

图2-12 【添加自定义短语】对话框

STEP 5 在【添加自定义短语】对话框中，在【缩写】文本框中输入自定义短语的缩写（如 xx）。在最后一个文本框中输入短语（如 master@qq.com）。

STEP 6 在【添加自定义短语】对话框中，单击 确定 按钮。

STEP 7 在【自定义短语设置】对话框中，单击 确定 按钮。

STEP 8 在【属性设置】对话框中，单击 确定 按钮。

在【自定义短语设置】对话框中，也可以进行删除、修改自定义短语。

3. 设置繁体字输入

在中文打字中，经常遇到繁体字的输入，搜狗输入法默认的输入方式是简体汉字输入，用户根据需要可设置成繁体汉字输入。

设置繁体字输入的方法是，打开搜狗输入法后，按 Ctrl+Shift+F 组合键切换到繁体字输入状态。图 2-13 所示为繁体字输入方式。

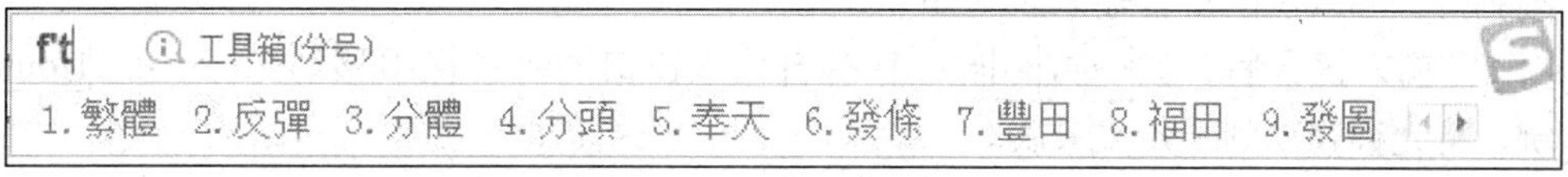

ft	① 工具箱(分号)							
1.繁體	2.反彈	3.分體	4.分頭	5.奉天	6.發條	7.豐田	8.福田	9.發圖

图2-13 繁体字输入方式

再次按 Ctrl+Shift+F 组合键，恢复到简体汉字输入状态。

2.2.4 切换搜狗拼音输入法状态

打开搜狗拼音输入法后，出现搜狗拼音输入法状态条（见图 2-5）。状态条中各按钮用来设置搜狗拼音输入法的状态，各按钮的含义如下。

● 中按钮：中/英文输入法切换按钮，默认为中文输入法，单击该按钮后切换成英，表示英文输入法。按 Shift 键与单击该按钮的作用相同。

● ☽按钮：表示当前是半角字符输入状态。单击该按钮，按钮变成 ●，表示当前是全角字符输入状态。

● °,按钮：表示当前是中文标点输入状态。单击该按钮，按钮变成 ",，表示当前是英文标点输入状态。

● ▦按钮：开启/关闭软键盘按钮，默认状态是关闭软键盘，单击该按钮后打开软键盘，即弹出一个键盘窗口，可通过单击其中的按键来代替键盘输入。

● ⚒按钮：单击该按钮打开功能选择菜单。

2.3 搜狗拼音输入法的汉字输入

搜狗拼音输入法有全拼和双拼两种拼音方式，本书仅介绍全拼方式。搜狗拼音输入法可以输入单字，也可以输入词组，还可以整句输入。

2.3.1 输入法规则

搜狗拼音输入法的规则有拼音规则、拼音输入规则、选字（词）规则，下面分别介绍这些规则。

1. 拼音规则

搜狗拼音输入法的拼音规则如下。

（1） 拼音按照汉语拼音方案。

（2） 小写英文字符作为拼音。

（3） 拼音 ü 用 v 代替。

2. 拼音输入规则

打开搜狗拼音输入法后，输入的拼音以及相应的汉字出现在拼音输入窗口中，如图

2-14所示，上栏为拼音栏，下栏为汉字栏，拼音栏最后的光条为光标。

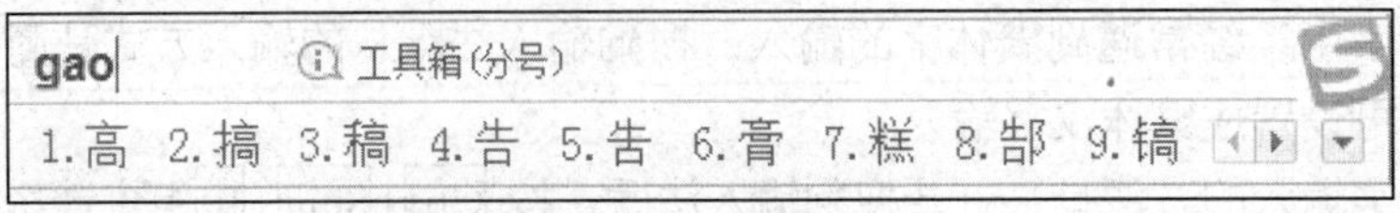

图2-14　拼音输入窗口

搜狗拼音输入法的拼音输入规则如下。

（1）　输入拼音后，按→或←键，在拼音输入窗口的拼音栏中移动光标。按 Home 或 End 键，将光标移动到开始或最后。

（2）　移动光标后，再输入拼音，相应的拼音插入光标处。

（3）　按 Backspace 键删除光标左边的拼音字母，按 Delete 键删除光标右边的拼音字母。

（4）　按 Esc 键，清除拼音输入窗口中的所有拼音。

3．选字（词）规则

输入拼音后，在汉字栏中出现该拼音的汉字或词组，在汉字栏中选字（词）的规则如下。

（1）　按汉字栏中字（词）前的数字，选该字（词）。

（2）　按空格键，选汉字栏中的第1个字（词）。

（3）　按 Page Up 键或-键或[键或,键，将汉字栏中的汉字往前翻一页。

（4）　按 Page Down 键或=键或]键或.键，将汉字栏中的汉字往后翻一页。

2.3.2　标点符号和特殊符号

在汉字输入过程中，不可避免地会有中文标点符号，有些特殊的文章，还会有特殊符号。下面介绍它们在搜狗拼音输入法中的输入方法。

1．中文标点符号

在搜狗拼音输入法中，标点符号分为英文标点符号和中文标点符号。在英文标点输入状态下，按下键盘上标点符号键，就会输入相应的英文标点符号。在中文标点输入状态下，中文标点符号与键盘上的键位对照表如表2-1所示。

表2-1　中文标点符号键位对照表

中文标点	对应的键	中文标点	对应的键	中文标点	对应的键
，（逗号）	,	（（小左括号）	(	'（左单引号）	'（按奇数次）
。（句号）	.	）（小右括号）	)	'（右单引号）	'（按偶数次）
：（冒号）	:	[（中左括号）	[	"（左双引号）	"（按奇数次）
；（分号）	;	]（中右括号）	]	"（右双引号）	"（按偶数次）
、（顿号）	\	{（大左括号）	{	《（左书名号）	<（按奇数次）
？（问号）	?	}（大右括号）	}	》（右书名号）	>（按偶数次）
！（感叹号）	!	——（破折号）	Shift +-	……（省略号）	^
·（实心点）	@	—（连字符）	&	¥（人民币符号）	$

2. 特殊符号

若要输入键盘上不能直接输入的特殊符号，如 β 、①等，可右键单击软键盘按钮▦，在弹出的软键盘列表（见图 2-15）中选择一种，会出现如图 2-16 所示的软键盘（以【数字序号】为例），这时按键盘上的一个键，会输入该键所对应的特殊符号。例如，按 $\boxed{A}$ 键，则输入"㈠"。若要取消软键盘的显示，单击软键盘按钮▦即可。

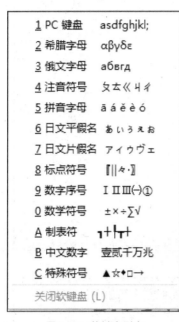

图2-15 软键盘列表

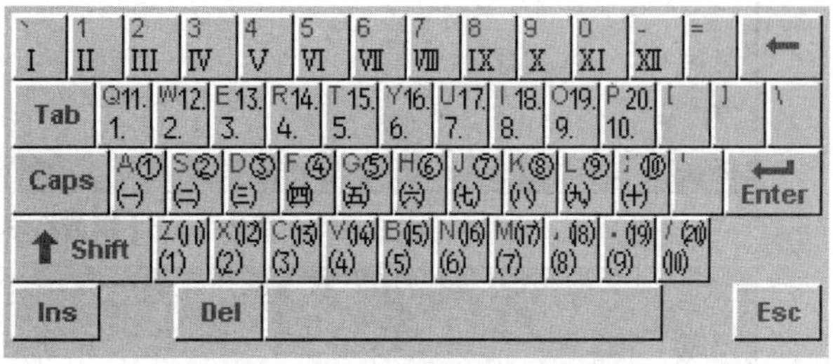

图2-16 【数字序号】软键盘

2.3.3 音节练习

音节练习主要练习汉字的拼音，包括声母、韵母等。该练习是拼音输入的基础。拼音熟练的读者，可跳过本小节直接进行下一小节的练习。

1. 练习要求

（1） 完成金山打字通 2013 提供的所有音节练习课程。

（2） 每课练习均需达到每分钟输入 100 个字，错误率不高于 4‰。

2. 练习要点

（1） 操作姿势必须正确，手腕必须悬空，切忌弯腰低头，不要把手腕、手臂靠在键盘上。

（2） 打字时禁止看键盘，一定要坚持盲打，这一点非常重要。

3. 练习步骤

STEP 1 启动金山打字通 2013，打开【金山打字通 2013】主窗口。

STEP 2 单击主窗口中【拼音打字】按钮，进入【拼音打字】模块，如图 2-17 所示。

STEP 3 在【拼音打字】模块中单击【音节练习】按钮，进入【音节练习】页面，如图 2-18 所示。该页面默认的课程是声母。

图2-17 【拼音打字】模块

图2-18 【音节练习】页面

在【音节练习】页面中（声母课程），最上排给出了声母以及相应读音的汉字，中间的键盘指示出该声母所对应的键位，最下排指示该键位在键盘上的位置。

练习完一个课程后，用户可在【课程选择】下拉列表（见图 2-19）中选择其他音节练习的课程。

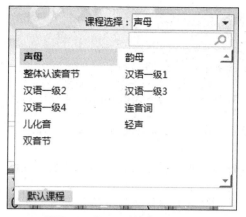

图2-19 【课程选择】下拉列表

STEP 4 音节练习完成后，在【音节练习】页面中，单击 按钮，进入【音节练习】测试页面，进行音节练习测试，以检验自己的练习效果。

2.3.4 词组练习

词组练习主要练习词组的输入。汉字输入时，应尽可能用词组输入，这样不仅能快速打字，而且还能保证准确率。

搜狗拼音输入法支持词组输入，只要输入词组的拼音，拼音输入窗口中会出现所有该读音的词组，用户可选择所需要的词组，必要时还需要翻页，具体方法见"2.3.1 输入法规则"一节。

搜狗拼音输入词组的拼音，可以完整输入完，也可以省略词组的某个或所有韵母，拼音输入窗口中会出现相应的词组。例如，要输入词组"高兴"，输入"gaoxing""gxing""gaox""gx"都可以。

需要注意的是，对于连音词组（如"西安"），两个字的拼音之间需要输入隔音符号（'），即输入"xi'an"，若输入"xian"，搜狗拼音输入法则把该拼音作为"鲜"的拼音。

1. 练习要求

（1） 完成金山打字通 2013 提供的所有词组练习课程。

（2） 每课练习均需达到每分钟输入 100 个字，错误率不高于 4‰。

2. 练习要点

（1） 操作姿势必须正确，手腕必须悬空，切忌弯腰低头，不要把手腕、手臂靠在键盘上。

（2） 打字时禁止看键盘，一定要坚持盲打，这一点非常重要。

3. 练习步骤

STEP 1 启动金山打字通 2013，打开【金山打字通 2013】主窗口。

STEP 2 单击主窗口中【拼音打字】按钮，进入【拼音打字】模块（见图2-17）。

STEP 3 在【拼音打字】模块中单击【词组练习】按钮，进入【词组练习】页面，如图 2-20 所示。该页面默认的课程是声母。

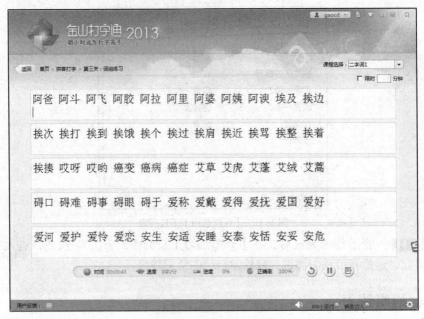

图2-20 【词组练习】页面

在【词组练习】页面中共有 5 行，每行上半部分给出了词组，下半部分是用户输入的词组，如果词组输入错误，则错误的字用红色显示。

练习完一个课程后，用户可在【课程选择】下拉列表（见图 2-21）中选择其他词组练习的课程。

图2-21 【课程选择】下拉列表

STEP 4 词组练习完成后，在【词组练习】页面中，单击 按钮，进入【词组练习】测试页面，进行词组练习测试，以检验自己的练习效果。

2.3.5 文章练习

文章练习主要练习文章的输入，其中包括标点符号。尽管搜狗拼音输入法提供了整句输入的方式，但不建议整句输入，因为用户需要花额外的时间去选取汉字，欲速则不达。建议在文章输入时，尽可能用词组输入，这样不仅能快速打字，而且还能保证准确率。

1. 练习要求

（1） 完成金山打字通 2013 提供的所有文章练习课程。

（2） 每课练习均需达到每分钟输入 100 个字，错误率不高于 4‰。

2. 练习要点

（1） 操作姿势必须正确，手腕必须悬空，切忌弯腰低头，不要把手腕、手臂靠在键盘上。

（2） 打字时禁止看键盘，一定要坚持盲打，这一点非常重要。

3. 练习步骤

STEP 1 启动金山打字通 2013，打开【金山打字通 2013】主窗口。

STEP 2 单击主窗口中的【拼音打字】按钮，进入【拼音打字】模块（见图 2-17）。

STEP 3 在【拼音打字】模块中单击【文章练习】按钮，进入【文章练习】页面，如图 2-22 所示。

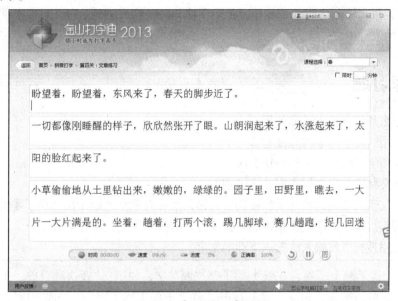

图2-22 【文章练习】页面

在【文章练习】页面中共有 5 行，每行上半部分给出了文章的内容，下半部分是用户输入的内容，如果内容输入错误，则错误的字或标点符号用红色显示。

练习完一个课程后，用户可在【课程选择】下拉列表（见图 2-23）中选择其他文章练习的课程。

图2-23 【课程选择】下拉列表

STEP 4 文章练习完成后，在【文章练习】页面中，单击 按钮，进入【文章练习】测试页面，进行词组练习测试，以检验自己的练习效果。

2.4　小结

本章主要介绍了中文输入法的基础知识，以及搜狗拼音输入法的使用方法，包括以下内容。

- 中文输入法的基本概念。
- 搜狗拼音输入法的基本操作。
- 搜狗拼音输入法的汉字输入。

这些基础知识都是与文字录入密切相关的，也是读者必须要掌握的。明白了中文输入法的基本概念，可以使读者对中文输入法有一个比较深入的认识和了解，以便更好地掌握它们。了解搜狗拼音输入法的基本操作，是使用搜狗拼音输入法的基础。掌握了搜狗拼音输入法，可快速地进行中文打字。

2.5　练习题

1. 什么是汉字的内码和外码？
2. 常用的汉字的编码标准有哪几个？
3. 半角字符与全角字符有什么区别？
4. 英文标点与中文标点有什么区别？
5. 中文输入法分为哪几类？搜狗拼音输入法和五笔字型输入法各属于哪类？
6. 搜狗拼音输入法状态条中的各按钮都有哪些作用？
7. 使用搜狗拼音输入法输入下面的文字。

　　那文士提笔醮上了墨，在纸上写了个"鹿"字，说道："鹿这种野兽，虽是庞然大物，性子却极为平和，只吃青草和树叶，从来不伤害别的野兽。凶猛的野兽要伤它吃它，它只有逃跑，倘若逃不了，那只有给人家吃了。"又写了"逐鹿"两字，说道："因此古人常常拿鹿来比喻天下。世上百姓都温顺善良，只有给人欺压残害的份儿。《汉书》上说：'秦失其鹿，天下共逐之。'那就是说，秦朝失了天下，群雄并起，大家争夺，最后汉高祖打败了楚霸王，就得了这只又肥又大的鹿。"

　　那小孩点头道："我明白了。小说书上说"逐鹿中原"，就是大家争着要做皇帝的意思。"那文士甚是喜欢，点了点头，在纸上画了一只鼎的图形，道："古人煮食，不用灶头锅子，用这样三只脚的鼎，下面烧柴，捉到了鹿，就在鼎里煮来吃。皇帝和大官都很残忍，心里不喜欢谁，就说他犯了罪，把他放在鼎里活活煮熟。《史记》中记载蔺相如对秦王说："臣知欺大王之罪当诛也，臣请就鼎锅。"就是说："我该死，将我在鼎里烧死了罢！"

　　那小孩道："小说书上又常说'问鼎中原'，这跟'逐鹿中原'好象意思差不多"。那文士道："不错。夏禹王收九州之金，铸了九大鼎。当时的所谓'金'其实是铜。每一口鼎上铸了九州的名字和山川图形，后世为天下之主的，便保有九鼎。《左传》上说：'楚子观兵于周疆，定王使王孙满劳楚子。'楚子只是楚国的诸侯，他问鼎的轻重大小，便是心存不轨，想取周王之位而代之。"

PART 3

第3章
五笔字型基础

五笔字型输入法是由王永民教授发明的，它是一种将汉字字型先分解再拼形输入的编码方案。该方案根据汉字的结构层次，将组成汉字的基本单位——字根（又称为码元）科学地分布到 25 个字母键上（Ζ键除外），再通过一定的规则将字根像搭积木一样拼合成汉字输入计算机中。

使用五笔字型输入法无需知道汉字的读音，只要掌握了汉字的拆分方法及字根的键位便可以快速输入。当用户熟练地掌握五笔字型输入法后，用它输入汉字就像用笔写字那样自然。

学习目标

- 了解五笔字型的编码原理。
- 了解笔画、字根、字型及汉字结构等基础知识。
- 熟悉五笔字型的键盘布局。
- 熟悉字根分配表及字根表助记歌。
- 了解 86 版五笔与 98 版五笔各自的特点。

重点和难点

- 了解笔画、字根、字型及汉字结构等基础知识。
- 熟悉五笔字型的键盘布局。
- 熟悉字根分配表及字根表助记歌。

3.1　汉字的要素

现代汉语中的汉字有成千上万个，而且大多数结构复杂。而作为文字输入工具的键盘，却只有 26 个字母键。如何通过这有限的 26 个字母键将成千上万个汉字输入计算机中，一度是个难题。

汉字是一种平面图形的方块文字，由 3 个层次构成，即笔画、部首、汉字，笔画（5 种）组成部首（几百个），部首组成汉字（成千上万）。五笔字型输入法便是根据汉字的这种结构层次，精心挑选出一些汉字常用的偏旁部首和笔画结构作为汉字输入的基本单位——字根（98 版五笔称为码元），然后将字根按照一定的规律科学地分布到键盘的 25 个字母键上（A ~ Y）。当需要将汉字输入计算机时，只需要敲击字根所对应的字母键即可。在五笔字型中，任何汉字都可以由字根组合而成。

经过精心挑选的字根起初有 125 个，后来经过不断地扩充，到了 98 版五笔时已扩展到了 245 个。这样，就把处理几万个汉字的问题变成了处理几百个字根的问题。把输入一个汉字的问题，变成输入几个字根的问题，就像是几个英文字母组成了一个英文单词一样。

经过如此精心的设计，使用五笔字型输入汉字就变得非常简单了，只需要掌握如下 3 个要素即可。

（1） 熟记各个字根在键盘上的分布情况，也就是每个字母键位对应着哪些字根。

（2） 学会如何将汉字拆分成字根。

（3） 学会将字根组成汉字的编码规则。

虽然只有 3 个要素，但要熟练掌握也需要下一番工夫，且其中也不是没有规律可循。在后面的章节中，将对此由浅入深地进行讲解。

下面首先介绍汉字结构方面的一些基本知识，这些知识是学习五笔字型输入法的基础。

3.1.1 汉字的笔画

笔画是指汉字书写时不间断的一次连续写成的一个线条，是构成汉字的最小元素，该定义包含以下两层含义。

（1） 笔画是一笔形成的线条。由两笔或两笔以上写成的不能称为笔画。例如，不能把"十""口"称为笔画，因为它们不是由一笔写成的，所以只能把它们叫做笔画结构。

（2） 笔画必须是不间断地一次写成，不能主观地把一个连贯的笔画分解成几段来处理。例如，不能把"里"分解为"田"和"土"，而应分解为"日"和"土"。

汉字的笔画从书写形态上可以分为点、横、竖、撇、捺、挑（提）、钩、左折、右折等 8 种，但在五笔字型中，把汉字的笔画只归结为横、竖、撇、捺（点）、折 5 种。把"点"归结为"捺"类，是因为两者运笔方向基本一致，把挑（提）归结于"横"类，除竖能代替左钩以外，其他带转折的笔画都归结为"折"类，然后将这 5 种笔画的代号定义为 1、2、3、4、5，如表 3-1 所示。

在为字根分配字母键位时主要依据这 5 种笔画的代号进行分区。

表 3-1　五笔字型编码方案中的 5 种笔画

代号	名称	运笔方向	笔画及其变形	例字
1	横	从左到右，从左到右上	一 ／	画、二、凉、坦
2	竖	从上到下	｜ 丨	竖、归、到、利
3	撇	从右上到左下	丿	用、番、禾、种
4	捺（点）	从左上到右下	丶 乀	入、宝、术、点
5	折	带转折的笔画（竖左钩除外）	乙 乚 乛 𠃌 一	飞、已、孙、好

3.1.2 汉字的字根

字根又称为码元，在五笔字型编码方案中，它是构成汉字的基本单位。字根的主要组成部分是汉字的偏旁部首，如"氵""刂""灬""又"等，同时还有少量的笔画结构，如"乛""丁"等。

汉字的偏旁部首和笔画如此众多，那么，哪些能作为字根呢？五笔字型选择字根时有如下两个条件。

（1）组字能力强，特别有用的。例如，"王""土""大""木""工"等。

（2）虽然能组成的汉字不多，但组成的字是特别常用的。例如，"白"（"白"可以组成最常用的汉字"的"）、"西"（"西"组成的"要"字也很常用）等。

按照上面的条件，所有被选中的偏旁部首和笔画结构都被称作字根，所有落选的都可按"单体结构拆分原则"拆分成字根。例如，"张"字由"弓"字和"长"字组成，"弓"字是字根，但"长"字不是，还需要将其分解成字根。也就是说，在五笔字型中一切汉字都是由字根组成的。

3.1.3 汉字的字型

汉字的字型，是指构成汉字的各个字根在整字中所处的位置关系。在五笔字型中，通过科学的分析，将汉字的字型分为 3 种，即左右型、上下型和杂合型。由于左右型的汉字最多，上下型的次之，杂合型的最少，因此将这 3 种字型的代号分别指定为 1、2、3。

汉字的字型如表 3-2 所示。

表 3-2 汉字的字型

代号	字型	例 字
1	左右型	体、位、树、招、部
2	上下型	杂、示、莫、落、架
3	杂合型	园、闭、回、夫、才

下面介绍一下这 3 种字型的特征。

1. 左右型

左右型汉字的主要特点是字根之间有一定的间距，从整字的总体看呈左右排列状。在左右型的汉字中，主要包括以下两种情况。

（1）双合字：是指汉字由两部分字根组成。在左右型的双合字中，组成整字的两部分字根分左右排列，其间存在着明显的界限，且字根间有一定的间距，如"根""线""仅""列"等。

（2）三合字：是指由 3 部分字根组成的汉字。在左右型的三合字中，组成整字的 3 部分字根从左至右排列，这 3 部分为并列结构，如"测""做"等，或者其中单独占据左（右）边的一部分字根与另外两部分字根呈左右排列，且在同一边的两部分字根呈上下排列，如"猜""潭""卦"等。

2. 上下型

上下型汉字的主要特点是字根之间有一定的间距，从整字的总体看呈上下排列状。在上下型的汉字中，也包括以下两种情况。

（1）　双合字。在上下型的双合字中，组成整字的两部分字根的位置是上下关系，这两部分字根之间存在着明显的界限，且有一定的距离，如"分""安""军""芝"等。

（2）　三合字。在上下型的三合字中，组成整字的 3 部分字根也分成两部分，虽然上（下）部分的字根数要多出一个，但它们仍然是上下两层的位置关系，如"恕""努""型""落""范"等。

3．杂合型

杂合型汉字的主要特点是字根之间虽然有一定的间距，但是整字不分上下左右，或者字根间浑然一体。杂合型的汉字可以分为单体型和内外型两种。

（1）　单体型：单体型汉字指本身独立成字的字，如"牛""犬""头"等。

（2）　内外型：内外型汉字通常由内外字根组成，整字成包围状，如"国""匡""同""园""圆"等。

在五笔字型中，汉字字型结构的划分必须遵循以下约定。

① 根据"能散不连"的原则来区分汉字的字型，如把"卡""严""矢"等字看作是上下型汉字。

② 把"左""右""看""有""布""包""者""灰""冬"等字看作上下型汉字。

③ 把"龙""式""后""司""床""疗""厅""处""习""压"等字归为杂合型汉字。

④ 把含有"辶"或"廴"的汉字视为杂合型，如"进"和"建"等。

⑤ 把含有两个字根且相交的汉字看作是杂合型，如"东""电""本""无"和"农"等。

⑥ 把带点结构或单笔画与字根相连的汉字都看作是杂合型，如"犬""自"等。

也许有人会问，汉字的字型信息在五笔字型中起什么作用？众所周知，汉字的字型结构复杂多变，有时即使是相同的字根也可以构成不同的汉字。例如，左右型的"吧"字由"口"和"巴"两个字根组成，而这两个字根也可以组成上下型的"邑"字。这样就造成了重码，如果重码多了必然会影响汉字的输入速度。

为了尽可能地减少重码，五笔字型规定用 4 个编码标识一个汉字，也就是说一个汉字最多需要拆分成 4 个字根，而不足 4 个字根的汉字需要补一个识别码，以保证汉字编码的唯一性。

这个识别码是由汉字末笔笔画及字型信息共同组成的，称为末笔交叉识别码（具体内容将在第 4 章中介绍）。因此，汉字的字型信息在五笔字型中主要作为末笔交叉识别码使用。

3.1.4　汉字的结构

在使用五笔字型输入汉字时，能够正确地判断汉字的结构并将其拆分是输入汉字的前提。在五笔字型中，汉字的构成主要有以下 3 种情况。

（1）　笔画、字根和整字同一体，如"一""乙"等。

（2）　字根本身也是汉字，这类字根叫作成字字根，如"目""口"等。

（3）　每个字可拆分成几个字根（独体字除外），既可以把汉字拆到字根级，也可以拆到笔画级。

汉字虽然都是由笔画或字根构成的，但不同的位置搭配会产生不同的汉字。因此，了解汉字和笔画、字根间的位置关系有助于用户更准确地拆分汉字。总的来说，汉字与字根间的位置关系有以下 5 种。

1. 单

单是指字根本身单独成为一个汉字。例如，5 种基本笔画"一""丨""丿""丶""乙"本身就是单字根，而成字字根也属于单字根，如"丁""白""广"等字。

2. 散

散是指构成汉字的字根在两个或两个以上，字根之间保持着一定的距离，不相连也不相交，如"相""部""呈"和"架"等字。属于散字根结构的汉字只有左右型和上下型。

3. 连

在五笔字型编码方案中，字根之间的相连关系特指以下两种情况。

（1）单笔画与字根相连。其中，单笔画连前连后或连上连下均可，如"丿"下连"十"后就成为"千"，下连"目"后就成为"自"。这时，单笔画与字根之间不能看作是散的关系，因为其字型仍然是杂合型。

（2）带点结构，如"术""义""头"和"太"等字。这些字与另外的字根并不一定相连，其间可连也可不连，可稍远也可稍近。五笔字型规定一个字根之前或之后的孤立点一律看作与字根相连。带点结构的字型也属于杂合型。

4. 交

交是指单个汉字由两个或两个以上的字根交叉相叠而成，这种结构就称为"交"。例如，"必"是字根"心"交"丿"而成。这类字型也属于杂合型。

5. 混合

混合是指组成整字的字根之间有散、连、交的关系，如"雨""禾"等字。

3.2 五笔字型的键盘布局

所谓键盘布局就是将优选出的字根按照一定的规律科学地分配到键盘的 25 个字母键上，使用户可以方便地将它们组合成汉字。了解字根在键盘上的分配布局是学习五笔字型输入法的第一步，也是最重要的一步。只有熟记字根的分配表，才能够将散置的字根组合成汉字输入计算机中。

3.2.1 区位号

五笔字型中将字根分配到键盘之前，首先按照汉字的 5 种笔画将键盘的 25 个字母键（Z 键除外）分成了 5 个区，分别为横起笔区（1）、竖起笔区（2）、撇起笔区（3）、捺（或点）起笔区（4）及折起笔区（5），如图 3-1 所示。

5 个区中每个区都包括了 5 个键位，从 1 到 5 对它们进行编号，这样位号和区号就共同组成了 25 个区位号。每个区位号由两位数组成，其中个位数是位号，十位数是区号，而且每个区的位号都是从打字键区的中间向两端排序。当双手放到键盘上时，位号的顺序正好与食指到小指的顺序相一致，如图 3-2 所示。

由图 3-2 可以看到，25 个字母键，每个键对应着一个唯一的区位号。第 1 区的区位号为 11～15，第 2 区的区位号为 21～25，第 3 区的区位号为 31～35，第 4 区的区位号为 41～45，第 5 区的区位号为 51～55。

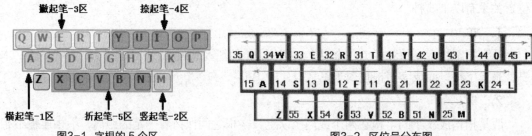

图3-1 字根的5个区　　　　　　　　　图3-2 区位号分布图

为键盘分好区，并为每个字母键编好了位之后，再将字根按照它们的起笔笔画类型放置到键盘的5个区中。横起笔类的字根放置在1区，竖起笔类的字根放置在2区，撇起笔类的字根放置在3区，捺（或点）起笔类的字根放置在4区，折起笔类的字根放置在5区。假如某字根的区位号为"11"，表示该字根在1区1位，也就是字母键 **G** 上；如果某字根的区位号为"23"，表示其在2区3位，也就是字母键 **K** 上。同理，可根据其他字根的区位号推算它们在键盘中的位置。

经过科学的归类之后，25个字母键中每个键上都分配有字根，多的有十几个，少的也有三四个，这就构成了一张完整的字根分配图。图3-3、图3-4所示分别为86版和98版的字根分布图。

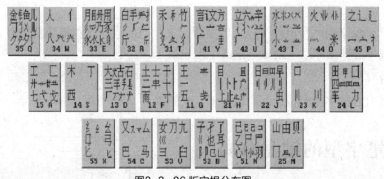

图3-3　86版字根分布图

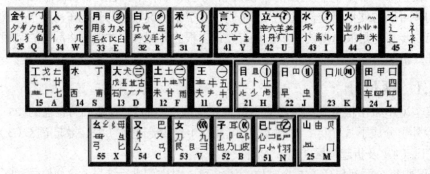

图3-4　98版字根分布图

知识提示

迄今为止，五笔字型共有两个版本，即最早的86版和更新后的98版。98版在86版的基础上，对字根进行了调整，编码方案更合理，但86版五笔的通用性更强，因此本书主要以介绍86版五笔为主，同时也给出98版五笔的字根分布图和助记歌。读者可根据自己所使用的版本选择学习。有关两个版本各自的特点及比较请参见4.3节。

3.2.2 键名字

将字根按照规律分布到 25 个字母键上之后，平均每个键上都有七八个字根。为了便于记忆，在每个区位中选取了一个最常用的字根作为键的名字，这就是键名字，如图 3-5 所示。

图3-5 键名字

这些键名字既是组字能力很强的字根，同时又是很常用的汉字。比如字母键 **G**（区位号为"11"）上面有"王、丰、五、一"等字根，而"王"字的使用频率最高，就选取"王"作为键名字。其他各键的键名字也都遵循这个规律。

3.2.3 字根的分布规律

既然字根是按照一定的规律科学地分配的，那么它们肯定不是杂乱无章地分布在键盘上的。那么字根是按照怎样的规律进行分配的呢？总结一下，大致有如下 4 条。

1. 根据起笔笔画分区

五笔字型将汉字的笔画归结为横、竖、撇、捺、折 5 种，将键盘上的字母键根据这 5 种笔画分成了 5 个区。字根分布的第一个规律就是看每个字根的起笔笔画类型，如果起笔是横就在 1 区，而且特殊规定"提"归在"横"里面，所以"七"这个字根也在 1 区。如果起笔是竖就在 2 区，比如"上""虫""口""四""贝"等字根，"竖钩"也被归在"竖"区里。其他 3 个区分别放置撇、捺（或点）、折起笔的字根，这里就不再举例说明了。

2. 根据第 2 笔定位

为字根定位的第二个规律是看字根的第 2 笔笔画，其所在的位号一般与该笔画所在区的区号是对应的。

比如"王"字的第 1 笔是横，第 2 笔还是横，因此将其放置在 1 区 1 位中。而"土"字的第 1 笔是横，第 2 笔是竖，就将其放置在 1 区 2 位。"大"字的第 1 笔是横，第 2 笔是撇，就将其放置在 1 区 3 位。"七"字的第 1 笔是横，第 2 笔是折，就将其放置在 1 区 5 位中。在其他的区中也可以发现同样的规律。比如在 3 区 1 位的"禾"，次笔是横，2 位的"白""才"，次笔是竖等。

不过也不是所有的字根都符合这个规律，也有一些特殊情况。比如有 4 个字根，即"力""车""几""心"，它们既不在前两笔所对应的"区"和"位"，也不在其首笔所对应的"区"中，这是因为如果将它们放在对应的"区""位"里，会产生大量重码，只得另行放置。好在这样的字根只有 4 个，凭借某种特征，也可以将其记住。

例如，"力"的读音为"li"，故放在 **L**（24）键上。"车"字的繁体"車"与"田""甲"相近，与它们放在同一个 **L**（24）键上。"几"的外形与"门"相近，二者放在同一个 **M**（25）键上。"心"字最长的一个笔画为"乙"（折），放在 **N**（51）键上。

3. 根据笔画数定位

单笔画及简单复合笔画形成的字根，其位号等于其笔画数。

比如，在 1 区 1 位里有一横这个字根，在 1 区 2 位里有两横的字根，在 1 区 3 位里有 3 横的字根。同样，在第 2 区的 1 位里有一竖这个字根，2 区 2 位里有两竖的字根，2 区 3 位里有 3 竖的字根，2 区 4 位里有 4 竖的字根。而在第 3 区的 1 位里有一撇这个字根，3 区 2 位里有两撇的字根，3 区 3 位里有 3 撇的字根。在第 4 区中，4 区 1 位里有点这个字根，4 区 2 位里有两点水的字根，4 区 3 位里有 3 点水的字根，4 区 4 位里有 4 点底的字根。在第 5 区中，5 区 1 位中的"乙"是一折这个字根，5 区 2 位中的"《"是两折的字根，5 区 3 位中的"巛"是 3 折的字根。

上述的字根分布可以归纳如表 3-3 所示。

表 3-3　单笔画字根在各位上的分布

	1区（横）	2区（竖）	3区（撇）	4区（捺）	5区（折）
1	一	丨	丿	、	乙
2	二	刂	〃	冫	《
3	三	川	彡	氵	巛
4		Ⅲ		灬	

从表 3-3 中可以看出，竖行是字根在每个区内的分布规律，横行则是每位的分布规律。如每区的第 1 位是 5 个基本的笔画，每区的第 2 位分别是两横、两竖、两撇、两捺和两折，每区的第 3 位分别是 3 横、3 竖、3 撇、3 点水、3 折，而 2 区 4 位为 4 竖，4 区 4 位为 4 点底。通过这样分类，字根在各区各位上的分布便更加清楚了。

4. 字源或形态与键名字相近

为字根定位的最后一个规律是看字根在字源或形态上是否与键名字相近。比如 P 键的键名字是"之"，所以"辶""廴"等字根也在这个键上，就连与它相像的"礻"字根也在此键上。W 键上的"八""癶""夂"等字根都与其键名字"人"形态相像。还有 L 键的"四、皿、罒、Ⅲ"也都与其键名字"田"很像。

上面总结了字根分布的 4 条规律，读者只要掌握了这些规律就更容易记忆字根所在的键位。但也不是所有字根都符合这些规律，还有一些特殊情况，对于没有规律可循的字根就只能强行记忆其所在位置了。好在没有规律的只占极少的一部分，用的次数多了也就记住了。

3.2.4　字根助记歌

为了更好地帮助用户记忆字根的键位分布，五笔字型的发明者还编制了一套字根助记歌。这套助记歌的每一句对应一个键位上的字根，背诵起来朗朗上口，对记忆字根非常有效。只要背熟了助记歌，就等于记住了所有字根，因此背熟助记歌是每个学习五笔字型的人首先要做到的。

由于 98 版五笔字型的字根表与 86 版五笔字型的字根表有所不同，所以其字根助记歌也不同。表 3-4 中列出了两个版本的助记歌，读者可根据所使用的版本自行选择记忆。

表 3-4 五笔字型助记歌

98 版五笔字型助记歌	86 版五笔字型助记歌
11 王旁青头五夫一	11 王旁青头戋（兼）五一
12 土干十寸未甘雨	12 土士二干十寸雨
13 大犬戊其古石厂	13 大犬三羊古石厂
14 木丁西甫一四里	14 木丁西
15 工戈草头右框七	15 工戈草头右框七
21 目上卜止虎头具	21 目具上止卜虎皮
22 日早两竖与虫依	22 日早两竖与虫依
23 口中两川三个竖	23 口与川，字根稀
24 田甲方框四车里	24 田甲方框四车力
25 山由贝骨下框集	25 山由贝，下框几
31 禾竹反文双人立	31 禾竹一撇双人立，反文条头共三一
32 白斤气丘叉手提	32 白手看头三二斤
33 月用力豸毛衣臼	33 月（衫）乃用家衣底
34 人八登头单人几	34 人和八，三四里
35 金夕鸟儿犭边鱼	35 金勺缺点无尾鱼，犭旁留又一点夕，氏无七
41 言文方点谁人去	41 言文方广在四一，高头一捺谁人去
42 立辛六羊病门里	42 立辛两点六门病
43 水族三点鳖头小	43 水旁兴头小倒立
44 火业广鹿四点米	44 火业头，四点米
45 之字宝盖补礻衤	45 之字宝盖，摘礻衤
51 已类左框心尸已	51 已半巳满不出己，左框折尸心和羽
52 子耳了也乃框皮	52 子耳了也框向上
53 女刀九山西倒	53 女刀九臼山朝西
54 又马牛马失蹄	54 又巴马，丢失矢
55 幺母贯头弓和匕	55 慈母无心弓和匕，幼无力

3.2.5 字根分布练习

熟记字根只是学习五笔的基础，用户如果不实际操作，就是将字根背得再熟，照样不会输入汉字。因此，本小节要在金山打字通 2013 中进行必要的字根键位分布练习，目的是将熟记的字根与键盘中的键位对应起来，将英文输入指法慢慢地过渡为五笔字型的输入指法。

1．练习要求

（1）熟记各字根的键位分布。

（2）掌握五笔字型的输入指法。

2．练习要点

（1）操作姿势必须正确，手腕必须悬空，切忌弯腰低头，不要把手腕、手臂靠在键盘上。

（2） 打字时禁止看键盘，一定要坚持盲打，这一点非常重要。

3. 练习步骤

STEP 1 启动金山打字通 2013，打开其主窗口。

STEP 2 单击主窗口中【五笔打字】按钮，进入【五笔打字】模块，如图 3-6 所示。

图3-6 【五笔打字】模块

STEP 3 单击【字根分区及讲解】按钮，打开【字根分区及讲解】练习页，如图 3-7 所示。【字根分区及讲解】练习页中的前 9 页是五笔字型的基础知识，与本章前面的内容一致。多次单击 下一页 ➡ 按钮，跳到第 10 页，如图 3-8 所示。

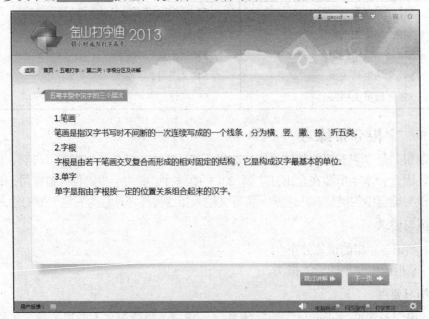

图3-7 【字根分区及讲解】练习页

图3-8 【字根分区及讲解】练习页第 10 页

STEP 4 【字根分区及讲解】练习页中默认的课程是"横区字根",用户可根据需要,在【课程选择】下拉列表(见图 3-9)中选择相应的课程。

STEP 5 【字根分区及讲解】练习页中默认的五笔字型版本是 86 版五笔字型,用户可单击练习页右下角的 ⚙ 按钮,打开【设置】对话框(见图 3-10),进行相应设置。

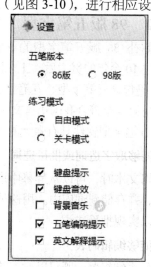

图3-9 【课程选择】下拉列表　　　　图3-10 【设置】对话框

在【字根分区及讲解】练习页面中,上排给出了字根,下排指示该字根在键盘上的位置。练习时,不需要打开五笔字型,只输入相应按键即可。

STEP 6 字根练习完成后,在【字根分区及讲解】练习页面中,单击 按钮,进入【字根分区及讲解】测试页面,进行字根测试,以检验自己的练习效果。

3.3 86版和98版五笔字型

五笔字型是一种高效的汉字输入法，86版五笔字型不仅使汉字输入首次突破每分钟百字大关，而且标志着汉字输入的速度进入了一个新时代。而98版五笔字型是86版五笔字型向科学化、合理化、规范化发展的产物。

3.3.1 86版五笔字型

与其他输入法相比，86版五笔字型输入法具有以下特点。

（1）击键次数少（一个字最多只需击4次键）。

（2）输入速度快。

（3）可以用双手十指击键。

（4）既可以输入单字，也可以输入词语。

（5）重码少，易学。

（6）具有通用性。

86版五笔字型输入法在推广以后，虽然获得了很大成功，但也有其不足之处，主要表现在以下4个方面。

（1）无法对某些规范字根做到整字取码（如"气""毛""丘""末"等）。

（2）无法对繁体汉字进行拆分。

（3）没有根据语言文字规范来拆某些汉字的笔画顺序（如将"饿"字最后一笔拆分为"点"，而不是"撇"）。

（4）在对汉字拆分进行编码时，常与语言文字规范发生冲突。

3.3.2 98版五笔字型

为了弥补86版五笔字型的不足，使五笔字型输入法更趋完善，更具有通用性和广泛性，在经过10余年的努力后，王永民教授又发明了新的汉字输入技术——98王码。

98王码包含五笔字型、五笔画法和五笔拼音等输入法，其中五笔字型是98王码的核心部分，它是第一个符合我国语言文字规范并通过鉴定的汉字输入方案。

98版五笔字型软件具有强大的功能，具体表现如下。

1. 能够取字造词或批量造词

在编辑文本时，可以从屏幕中取字造词，系统会自动对新造的词按照取码规则编制正确的输入码，并存储到词库中。用这种方法每次只能造一个词，98版五笔字型还提供了词库生成器，可以实现批量造词。

2. 能够编辑码表

利用码表编辑器，既可以对五笔字型编码进行编辑和修改，也可以创建容错码。

3. 能够提供内码转换器实现内码转换

在处理文档时，为了克服不同的中文操作平台产品间互不兼容的缺点，98版五笔字型提供了多内码文本转换器，从而使系统能够进行内码转换。

总之，98版五笔字型比86版五笔字型的编码体系更合理，部件选取更规范，编码规则更简单明了，更加易学易用，输入效率更高，且与86版五笔字型方案具有良好的兼容性。

3.3.3　两种版本的区别

98 版五笔字型是在 86 版五笔字型的基础上发展而来的，二者之间是兼容与被兼容的关系，且有一定的区别，其主要区别如下。

1．对构成汉字的基本单元的称谓不同

在 86 版五笔字型编码方案中，把构成汉字的基本单元叫做字根，而在 98 版五笔字型编码方案中则称为码元。

2．选取的基本单元数量不同

在 86 版五笔字型编码方案中，一共选取了 125 个字根作为构成汉字的基本单元，而在 98 版中则选取了 245 个字根。

3．处理汉字的数量不同

86 版五笔字型只能处理国标简体字中的 6 763 个字，而 98 版五笔字型不仅可以处理国标简体字中的 6 763 个字，而且还可以处理 BIG-5 码的 13 053 个繁体字，以及中、日、韩 3 国大字符集中的 21 003 个汉字。

4．字根选取更规范

86 版五笔字型无法对某些规范字根做到取码，而 98 版五笔字型的字根和笔画顺序完全符合规范。例如，86 版五笔字型编码方案中需要拆分的"未""甘""气""毛""丘""夫""羊""母"等字根，在 98 版五笔字型编码方案中都作为一个字根，可整字取码。

5．编码规则简单明了

86 版五笔字型在编码时要先拆分字根，但在拆分时常与语言文字规范产生矛盾。而 98 版五笔字型编码方案中的"无拆分编码法"将总体形似的笔画结构归为同一字根，一律用字根来描述汉字笔画结构的特征，使编码规则更加简单明了。这就解决了 86 版五笔字型在编码时与语言文字规范产生的矛盾，使五笔字型输入法更趋合理，更加易学。

3.4　小结

本章主要介绍了五笔字型输入法的基础知识，其中包括以下几个方面。

- 五笔字型的编码原理。
- 笔画、字根、字型、汉字结构等与五笔编码方案有关的基础知识。
- 五笔字型的键盘布局。
- 字根分配表及字根表助记歌。
- 86 版五笔字型与 98 版五笔字型各自的特点。

五笔字型是一种以形码编码方案为基础的输入方法，熟练掌握后可达到很高的汉字输入速度。但由于编码规则比较复杂，再加上有大量的字根需要记忆，使得许多人对其望而却步。其实用户只要掌握了五笔字型的编码原理、字根的分布和记忆规律，学习起来并不难。

3.5　练习题

1.　写出下列字根所对应的键位和区位号。

田、丿、乙、丨、之、宀、丶、一、乛、石、由、手、斤、门、巴、贝、田、耳、禾、犬、
也、尸、虫、西、寸、干、士、车、羽、四、竹、米、心、弓、用、古、文、亻、刂、川、
宀、夕、辶、廿、火、氵、厶、亠、冂、艹、攵、月、龴、丆、乂、凵、勹、八、匕

2. 请将五笔字型的字根助记歌默写一遍（86 版和 98 版任选其一）。

第 3 章主要介绍了五笔字型的基础知识，从本章开始将系统介绍汉字和词组的输入方法。

五笔字型编码方案将汉字分成两大部分，一部分既是字根又是汉字，将它们称为键面字（或码元汉字），键面字具有较强的组字能力和很高的使用频率，但它们只占汉字的少部分；另外一部分也是绝大多数汉字，它们称为合体字，也就是由两个或两个以上字根组成的汉字。这两大部分汉字在输入时各有它们的拆分规则和编码规则。为了提高汉字的输入速度，五笔字型对一些常用字的输入进行了简化，使原本四码才能输入的汉字，只需三码、两码甚至一码即可输入。

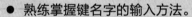
学习目标

- 熟练掌握键名字的输入方法。
- 熟练掌握成字字根的拆分及编码规则。
- 熟练掌握合体字的拆分规则。
- 熟练掌握 4 种合体字的编码规则。
- 熟练掌握末笔交叉识别码的编码规则。
- 快速输入 500 个常用字。

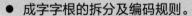
重点和难点

- 成字字根的拆分及编码规则。
- 合体字的拆分规则。
- 末笔交叉识别码的编码规则。
- 快速输入 500 个常用字。

4.1 键面字

在五笔字型中，字根是构成汉字的基本单元。输入汉字时，首先要将汉字拆分成一系列的字根，再通过敲击各字根所在的键位将汉字输入。

字根的主要组成部分是汉字的偏旁部首。在众多的偏旁部首中有的本身就是汉字，而且使用频率很高，这些既是汉字又是字根的字根就称为键面字（又叫码元汉字）。

由于键面字本身就是字根，使用普通汉字的拆分方法无法再分解它们，因此为了解决这些汉字的输入问题，五笔字型特别为键面字制定了一套拆分规则和编码规则。由于键面字大部分都是一些常用字，在输入汉字时会经常碰到，因此将它们进行单独介绍。

键面字分为两种，一种是键名字，另一种是成字字根。它们的输入方法也是不同的，下面将分别介绍。

4.1.1　键名字的输入

首先来看一下键名字的输入方法。

键名字一共有 25 个，位于每个字母键（ Z 键除外）的左上角，也就是"字根助记歌"中的第 1 个字根。键名字是一些组字频率很高且形体上又有一定代表性的字根。输入键名字时无须将其拆分，连续敲击 4 次该字所在的键位即可。例如：

- 1区1位键名字"王"的编码为 GGGG；
- 2区1位键名字"目"的编码为 HHHH；
- 3区2位键名字"白"的编码为 RRRR；
- 4区3位键名字"水"的编码为 IIII；
- 5区4位键名字"又"的编码为 CCCC。

表 4-1 中列出了 25 个键名字及其编码。

表 4-1　键名字编码

区位号	键名字	编码	区位号	键名字	编码
11	王	GGGG(3)	34	人	WWWW(1)
12	土	FFFF	35	金	QQQQ
13	大	DDDD(2)	41	言	YYYY(3)
14	木	SSSS	42	立	UUUU(2)
15	工	AAAA(1)	43	水	IIII(2)
21	目	HHHH	44	火	OOOO(3)
22	日	JJJJ	45	之	PPPP(2)
23	口	KKKK	51	已	NNNN
24	田	LLLL(3)	52	子	BBBB(2)
25	山	MMMM(3)	53	女	VVVV(3)
31	禾	TTTT(3)	54	又	CCCC(3)
32	白	RRRR(3)	55	纟（86版）幺（98版）	XXXX(3)
33	月	EEEE(3)			

为了加快文字的输入速度，五笔字型对一些常用字进行了简化。也就是说，在输入一些常用汉字时不需要输足 4 码，只需输入 1～3 码再加 Space（空格）键即可，这便是简码输入（这部分内容将在第 6 章中详细介绍）。也许读者已经注意到表 4-1 中有些汉字的编码后面有一个数字，这个数字表示汉字的简码级数。例如，"1"表示该字为一级简码，输入时只需敲击其第一个编码所代表的字母键加 Space 键即可，其他依此类推。没有数字的表示该字没有简码，必须输足 4 码。

在字根中还有横、竖、撇、捺（点）、折 5 种单笔画，分别位于 5 个区的第 1 个键上，五笔字型也对它们进行了编码。具体的输入方法是连续敲击两次其所在的键位，然后再敲击两次 L 键。例如，笔画"丿"位于 T（31）键上，它的输入编码就是"TTLL"；"乙"字属于折笔画，位于 N（51）键上，它的输入编码就是"NNLL"。

4.1.2 成字字根

在键盘的 25 个字母键上除了有键名字外，自己本身也是汉字的字根，将其称为成字字根。与键名字一样，成字字根除了具有较强的组字能力外，其本身也属于常用汉字。五笔字型也特别为其制定了拆分规则和编码规则。

● 拆分规则：根据汉字的书写顺序，将成字字根拆分成笔画。

● 编码规则：字根＋首笔＋次笔＋末笔（不足 4 码加 Space 键）。

具体输入方法是，首先敲击一下成字字根所在的键位（又叫"报户口"），再依次敲击其第 1 个、第 2 个及最末一个单笔画所在的键位。不足 4 码时，敲击 Space 键补足。例如：

① "雨" = "雨"（字根 F）+ "一"（首笔 G）+ "丨"（次笔 H）+ "丶"（末笔 Y）
编码：FGHY

② "甲" = "甲"（字根 L）+ "丨"（首笔 H）+ " "（次笔 N）+ "丨"（末笔 H）
编码：LHNH

③ "八" = "八"（字根 W）+ "丿"（首笔 T）+ "丶"（次笔 Y）+ Space
编码：WTY

④ "辛" = "辛"（字根 U）+ "丶"（首笔 Y）+ "一"（次笔 G）+ "丨"（末笔 H）
编码：UYGH

⑤ "马" = "马"（字根 C）+ " "（首笔 N）+ "𠃌"（次笔 N）+ "一"（末笔 G）
编码：CNNG(2)   98 版编码：CGD(2)

86 版五笔与 98 版五笔的字根分布相比有一定的差异，因此有些汉字的拆分或编码也有所不同。由于 86 版五笔的用户要远远多于 98 版，因此本书所有汉字的拆分实例均以 86 版为基础。如遇到一个汉字有两个版本的编码时，本书会给出 98 版的编码提示。

86 版与 98 版的成字字根有所不同，表 4-2 中分别列出了两个版本的所有成字字根、字根的五笔编码及简码级数（上标数字），读者可根据自己使用的版本选择记忆或查询。

表 4-2　成字字根

区	86 版成字字根			98 版成字字根		
1	五（GGHG2）	一（GGLL1）	士（FGHG）	五（GGHG3）	一（GGLL1）	夫（GGGY）
	干（FGGH）	二（FGG2）	十（FGH3）	未（FGGY）	士（FGHG）	干（FGGH）
	雨（FGHY）	寸（FGHY）	犬（DGTY）	二（FGG）	十（FGH2）	甘（FGHG）
	三（DGGG2）	古（DGHG3）	石（DGTG）	雨（FGHY）	寸（FGHY）	犬（DGTY）
	厂（DGT）	丁（SGH）	西（SGHG）	三（DGGG2）	古（DGHG3）	石（DGTG）
	七（AGN2）			厂（DGT）	丁（SGH）	西（SGHG3）
				甫（SGHY）	七（AGN2）	
2	上（HHGG1）	卜（HHY3）	止（HHHG2）	上（HHGG1）	卜（HHY）	止（HHGG）
	早（JHNH2）	虫（JHNY）	川（KTHH）	虫（JHNY）	早（JHNH2）	川（KTHH3）
	甲（LHNH）	四（LHNG2）	车（LGNH2）	甲（LHNH）	四（LHNG2）	车（LGNH3）
	力（LTN2）	由（MHNG2）	贝（MHNY）	由（MHNG2）	贝（MHNY）	
	几（MTN2）					
3	竹（TTGH3）	手（RTGH2）	斤（RTTH3）	斤（RTTH3）	气（RTGN）	丘（RTHG3）
	用（ETNH2）	乃（ETN3）	八（WTY3）	手（RTGH2）	用（ETNH2）	力（ENT2）
	夕（QTNY）	儿（QTN2）		毛（ETGN）	八（WTY）	几（WTN）
				夕（QTNY）	儿（QTN）	
4	文（YYGY）	方（YYGN2）	广（YYGT）	文（YYGY）	方（YYGT2）	六（UYGY3）
	六（UYGY2）	门（UYHN3）	辛（UYGH）	羊（UYTH3）	门（UYHN2）	辛（UYGH）
	小（IHTY2）	米（OYTY2）		广（OYGT2）	小（IHTY2）	业（OHHG1）
				米（OYTY3）		
5	乙（NNLL3）	尸（NNGT）	心（NYNY2）	乙（NNLL3）	心（NYNY3）	尸（NNGT）
	羽（NNYG3）	耳（BGHG3）	了（BNH1）	羽（NNYG3）	耳（BGHG3）	了（BNH1）
	也（BNHN2）	刀（VNT3）	九（VTN2）	也（BNHN）	乃（BNT）	皮（BNTY3）
	巴（CNHN3）	马（CNNG2）	弓（XNGN3）	刀（VNT2）	九（VTN2）	巴（CNHN2）
	匕（XTN3）			母（XNNY）	弓（XNGN3）	匕（XTN）

4.1.3　键面字输入练习

了解了键面字的输入方法之后，下面来实际操作一下。

1．练习要求

输入下面一组汉字。

石 由 手 斤 门 巴 贝 田 耳 禾 犬 也 尸 虫 西 寸 干 士 车 羽 四 竹 米 心 弓 用
古 文 厂 丁 川 广 夕 乃 匕 小

2．练习要点

首先对上面的汉字进行拆分。其中，编码后面括号中的数字表示该字的简码级数，没有
数字的表示该字没有简码。

①　"石" = "石"（字根 D）+ "一"（首笔 G）+ "丿"（次笔 T）+ "一"（末笔 G）

　　编码：DGTG

②　"由" = "由"（字根 M）+ "｜"（首笔 H）+ "乛"（次笔 N）+ "一"（末笔 G）

　　编码：MHNG(2)

③ "手" = "手"（字根 R）+ "丿"（首笔 T）+ "一"（次笔 G）+ "丨"（末笔 H）

编码：RTGH(2)

④ "斤" = "斤"（字根 R）+ "丿"（首笔 T）+ "丿"（次笔 T）+ "丨"（末笔 H）

编码：RTTH(3)

⑤ "门" = "门"（字根 U）+ "丶"（首笔 Y）+ "丨"（次笔 H）+ "乛"（末笔 N）

编码：UYHN(3)

⑥ "巴" = "巴"（字根 C）+ "乛"（首笔 N）+ "丨"（次笔 H）+ "乚"（末笔 N）

编码：CNHN(3)

⑦ "贝" = "贝"（字根 M）+ "丨"（首笔 H）+ "乛"（次笔 N）+ "丶"（末笔 Y）

编码：MHNY

⑧ "田" = 键名字

编码：LLLL(3)

⑨ "耳" = "耳"（字根 B）+ "一"（首笔 G）+ "丨"（次笔 H）+ "一"（末笔 G）

编码：BGHG(3)

⑩ "禾" = 键名字

编码：TTTT(3)

⑪ "犬" = "犬"（字根 D）+ "一"（首笔 G）+ "丿"（次笔 T）+ "丶"（末笔 Y）

编码：DGTY

⑫ "也" = "也"（字根 B）+ "乛"（首笔 N）+ "丨"（次笔 H）+ "乚"（末笔 N）

编码：BNHN(2)

⑬ "尸" = "尸"（字根 N）+ "乛"（首笔 N）+ "一"（次笔 G）+ "丿"（末笔 T）

编码：NNGT

⑭ "虫" = "虫"（字根 J）+ "丨"（首笔 H）+ "乛"（次笔 N）+ "丶"（末笔 Y）

编码：JHNY

⑮ "西" = "西"（字根 S）+ "一"（首笔 G）+ "丨"（次笔 H）+ "一"（末笔 G）

编码：SGHG

⑯ "寸" = "寸"（字根 F）+ "一"（首笔 G）+ "丨"（次笔 H）+ "丶"（末笔 Y）

编码：FGHY

⑰ "干" = "干"（字根 F）+ "一"（首笔 G）+ "一"（次笔 G）+ "丨"（末笔 H）

编码：FGGH

⑱ "士" = "士"（字根 F）+ "一"（首笔 G）+ "丨"（次笔 H）+ "一"（末笔 G）

编码：FGHG

⑲ "车" = "车"（字根 L）+ "一"（首笔 G）+ "乚"（次笔 N）+ "丨"（末笔 H）

编码：LGNH(2)

⑳ "羽" = "羽"（字根 N）+ " "（首笔 N）+ "丶"（次笔 Y）+ "一"（末笔 G）

编码：NNYG(3)

㉑ "四" = "四"（字根 L）+ "丨"（首笔 H）+ " "（次笔 N）+ "一"（末笔 G）

编码：LHNG(2)

㉒ "竹" = "竹"（字根 T）+ "丿"（首笔 T）+ "一"（次笔 G）+ "丨"（末笔 H）

编码：TTGH(3)　98 版编码：THTH(3)

㉓ "米" = "米"（字根 O）+ "丶"（首笔 Y）+ "丿"（次笔 T）+ "丶"（末笔 Y）
编码：OYTY(2)

㉔ "心" = "心"（字根 N）+ "丶"（首笔 Y）+ "乚"（次笔 N）+ "丶"（末笔 Y）
编码：NYNY(2)

㉕ "弓" = "弓"（字根 X）+ "𠃌"（首笔 N）+ "一"（次笔 G）+ "𠃌"（末笔 N）
编码：XNGN(3)

㉖ "用" = "用"（字根 E）+ "丿"（首笔 T）+ "𠃌"（次笔 N）+ "丨"（末笔 H）
编码：ETNH(2)

㉗ "古" = "古"（字根 D）+ "一"（首笔 G）+ "丨"（次笔 H）+ "一"（末笔 G）
编码：DGHG(3)

㉘ "文" = "文"（字根 Y）+ "丶"（首笔 Y）+ "一"（次笔 G）+ "丶"（末笔 Y）
编码：YYGY

㉙ "厂" = "厂"（字根 D）+ "一"（首笔 G）+ "丿"（次笔 T）+ [Space]
编码：DGT

㉚ "丁" = "丁"（字根 S）+ "一"（首笔 G）+ "亅"（次笔 H）+ [Space]
编码：SGH

㉛ "川" = "川"（字根 K）+ "丿"（首笔 T）+ "丨"（次笔 H）+ "丨"（末笔 H）
编码：KTHH

㉜ "广" = "广"（字根 Y）+ "丶"（首笔 Y）+ "一"（次笔 G）+ "丿"（末笔 T）
编码：YYGT

㉝ "夕" = "夕"（字根 Q）+ "丿"（首笔 T）+ "⺈"（次笔 N）+ "丶"（末笔 Y）
编码：QTNY

㉞ "乃" = "乃"（字根 E）+ "丿"（首笔 T）+ "𠃌"（次笔 N）+ [Space]
编码：ETN

㉟ "匕" = "匕"（字根 X）+ "丿"（首笔 T）+ "乚"（次笔 N）+ [Space]
编码：XTN

㊱ "小" = "小"（字根 I）+ "亅"（首笔 H）+ "丿"（次笔 T）+ "丶"（末笔 Y）
编码：IHTY(2)

拆分完上面的汉字后，下面开始输入。在拆分汉字时已经将每个汉字的简码标出，因此在输入汉字时要注意使用简码，这样可以大大加快文字的输入速度。

　　本书所有范例均使用 86 版五笔输入，使用 98 版五笔的读者可根据拆字时给出的编码提示调整汉字的输入编码。另外，每个汉字的编码在表示时均为大写字母，以便与键盘上的键位相对应，但在输入这些汉字编码时，应使用小写字母。为了便于区分，在拆字时使用大写字母表示汉字编码，而在具体输入时使用小写字母，这一点请读者注意。

知识提示

3. 练习步骤

STEP 1　　启动【写字板】程序，打开五笔字型输入法。

STEP 2　　键入第 1 个字的编码"dgtg"，"石"字被输入。

STEP 3　　键入第 2 个字的前两个编码"mh"加 [Space] 键，"由"字被输入。

知识提示　"由"字编码后面有数字"2"，表示该字属于二级简码，因此输入该字时只需敲击其前两码所代表的键位再加 Space 键即可。读者在练习时一定要注意使用简码，养成这个良好的习惯可以大大提高文字的输入速度。

STEP 4　"手"字同样属于二级简码，因此键入该字的前两个编码"rt"加 Space 键将其输入。

STEP 5　"斤"字编码的上标数字为"3"，表示其属于三级简码，因此键入该字的前 3 个编码"rtt"加 Space 键将其输入。

知识提示　读者可能已经注意到，"斤"字虽然属于三级简码，但在输入时也需敲 4 次键，表面上看跟敲全该字编码的击键次数相同，使用三级简码似乎意义不大。其实不然，因为在输入汉字时，拆字所用的时间要远远大于击键所用的时间。虽然都是敲击 4 次键，但使用三级简码却省去了拆分最后一个字根所用的时间，还减少了拆错字的几率，无形中便加快了文字的输入速度。

STEP 6　"门"字也属于三级简码，键入该字的前 3 个编码"uyh"加 Space 键将其输入。

STEP 7　键入"巴"字的前 3 个编码"cnh"加 Space 键将其输入。

STEP 8　"贝"字没有简码，因此需敲全该字的 4 个编码"mhny"将其输入。

STEP 9　"田"字既属于键名字也属于三级简码，因此输入该字时既可以键入"llll"，也可以键入"lll"加 Space 键。

STEP 10　"耳"字属于三级简码，键入其前 3 个编码"bgh"加 Space 键将其输入。

STEP 11　"禾"字属于键名字，键入"tttt"将其输入。

STEP 12　"犬"字没有简码，需键入其全部编码"dgty"将其输入。

STEP 13　"也"字属于二级简码，键入其前两个编码"bn"加 Space 键将其输入。

STEP 14　"尸"字没有简码，需键入全部的编码"nngt"将其输入。

STEP 15　"虫"字没有简码，键入全部的编码"jhny"将其输入。

STEP 16　"西"字也需键入其全部的编码"sghg"。

STEP 17　"寸"字没有简码，需键入其全部编码"fghy"。

STEP 18　键入"干"字的全部编码"fggh"将其输入。

STEP 19　键入"士"字的全部编码"fghg"将其输入。

STEP 20　"车"字属于二级简码，键入"lg"加 Space 键将其输入。

STEP 21　"羽"字属于三级简码，键入"nny"加 Space 键将其输入。

STEP 22　"四"字属于二级简码，键入"lh"加 Space 键将其输入。

STEP 23　"竹"字属于三级简码，键入"ttg"加 Space 键将其输入。

STEP 24　"米"字属于二级简码，键入"oy"加 Space 键将其输入。

STEP 25　"心"字属于二级简码，键入"ny"加 Space 键将其输入。

STEP 26　"弓"字属于三级简码，键入"xng"加 Space 键将其输入。

STEP 27　"用"字属于二级简码，键入"et"加 Space 键将其输入。

STEP 28　"古"字属于三级简码，键入"dgh"加 Space 键将其输入。

STEP 29　"文"字没有简码，因此键入其全部的编码"yygy"将其输入。

STEP 30 "厂"字也没有简码,也需键入其全部的编码"dgt"加 Space 键将其输入。

STEP 31 键入"丁"字的全部编码"sgh"加 Space 键将其输入。

STEP 32 键入"川"字的全部编码"kthh"将其输入。

STEP 33 键入"广"字的全部编码"yygt"将其输入。

STEP 34 键入"夕"字的全部编码"qtny"将其输入。

STEP 35 键入"乃"字的全部编码"etn"加 Space 键将其输入。

STEP 36 键入"匕"字的全部编码"xtn"加 Space 键将其输入。

STEP 37 "小"字属于二级简码,只需键入"ih"加 Space 键将其输入。

通过上面的练习不难发现,输入成字字根的难点是将它们正确地拆分。这里没有技巧,只有记熟拆分规则,再加上适量的练习才可以掌握。另外,使用简码可以加快文字的输入速度,希望读者在练习时能够初步掌握它。在第 5 章中还要详细介绍简码的输入技巧,并提供大量的练习。本章的练习可作为第 5 章学习的基础。

4.2 合体字

在现代汉语中,合体字是指由两个或两个以上的偏旁构成的汉字。五笔字型中的合体字则引申为由两个或两个以上的字根构成的汉字,也就是说,除了键名字和键面字外,其他汉字均属于合体字。

4.2.1 合体字的拆分规则

合体字在汉字中占绝大部分,为了能对它们进行准确地编码,就必须掌握合体字的拆分规则。总体来说,可以将合体字的拆分规则归纳为一个 16 字的口诀,即"取大优先、兼顾直观、能散不连、能连不交"。将 16 字口诀展开来讲,主要包括以下 5 点。

1. 按书写顺序

在拆分合体字时,一定要根据汉字正确的书写顺序进行。汉字正确的书写顺序是先左后右,先上后下,先横后竖,先撇后捺,先内后外,先中间后两边。例如,如下所示。

(1) "体"字按照书写顺序正确的拆分应是"亻""木""一",如果拆成"亻""一""木"就错了。

"体"="亻"+"木"+"一"(正确)

"体"="亻"+"一"+"木"(错误)

(2) "则"字正确的拆分顺序是先取"贝",再取"刂",而不是先取"刂",后取"贝"。

"则"="贝"+"刂"(正确)

"则"="刂"+"贝"(错误)

(3) "非"字正确的拆分顺序是由左向右依次取码,也就是先取"三",再取"刂刂",最后再取"三",而不能拆成"刂刂""三""三"。

"非"="三"+"刂刂"+"三"(正确)

"非"="刂刂"+"三"+"三"(错误)

(4) "碗"字的正确拆分顺序是先左后右,先上后下,也就是由"石""宀""夕""㔾"4 个字根组成,如果拆成"石""夕""㔾""宀"就肯定错了。

"碗"="石"+"宀"+"夕"+"㔾"(正确)

"碗" = "石" + "夕" + "㔾" + "宀"（错误）

（5）"逐"字正确的拆分顺序是先内后外，也就是先取"豕"，再取"辶"，而不是先取"辶"，再取"豕"。

"逐" = "豕" + "辶"（正确）

"逐" = "辶" + "豕"（错误）

（6）"理"字正确的拆分顺序也是先左后右，先上后下，而且不能将字根的笔画断开，也就是先取"王"，再取"日"，后取"土"。如果左右顺序颠倒了，或者将字根的笔画断开了，也是不对的。

"理" = "王" + "日" + "土"（正确）

"理" = "日" + "土" + "王"（错误）

"理" = "王" + "田" + "土"（错误）

（7）"堂"字正确的拆分顺序是由上向下依次取码，也就是先取"小"，再取"冖"，然后取"口"，最后取"土"，顺序也不能颠倒。

"堂" = "小" + "冖" + "口" + "土"（正确）

"堂" = "小" + "冖" + "土" + "口"（错误）

（8）"遇"字的正确拆分顺序是先上后下，先内后外，而且也不能将字根的笔画断开。

"遇" = "日" + "冂" + "丨" + "辶"（正确）

"遇" = "田" + "丨" + "冂" + "辶"（错误）

"遇" = "辶" + "田" + "丨" + "丶"（错误）

（9）"臧"字正确的拆分顺序是先中间后两边，而不是先两边后中间。

"臧" = "厂" + "乚" + "ㄱ" + "丿"（正确）

"臧" = "乚" + "ㄱ" + "厂" + "丿"（错误）

"臧" = "乚" + "ㄱ" + "厂" + "丶"（错误）

（10）"小"字的正确拆分顺序也是先中间后两边，而不是先两边后中间。

"小" = "小" + "亅" + "丿" + "丶"（正确）

"小" = "小" + "亅" + "丶" + "丿"（错误）

"小" = "小" + "丿" + "亅" + "丶"（错误）

2. 取大优先

取大优先是拆分汉字时最常用的规则。这是因为在按书写顺序为汉字编码时，不能无限制地采用笔画少的字根，这样会造成汉字作为单笔画字根取码的结果，从而将汉字取码复杂化。为了避免这种情况，在五笔字型中规定了"取大优先"的规则，也就是拆字时尽量取字根总表中最大的字根，从而将字根数减少到最小。例如，如下所示。

（1）"世"字的正确拆分方法是取"廿"和"乚"，而不是取"一""山"和"乚"。

"世" = "廿" + "乚"（正确）

"世" = "一" + "山" + "乚"（错误）

（2）"震"字拆分顺序是"雨""厂""二""⺆"，而不是"雨""厂""一""一""⺆"。

"震" = "雨" + "厂" + "二" + "⺆"（正确）

"震" = "雨" + "厂" + "一" + "一" + "⺆"（错误）

（3）"滚"字的正确拆分是"氵""六""厶""⺅"，如拆成"氵""㇐""八""厶"

"亻"就错了。

　　　　"滚" = "氵" + "六" + "厶" + "亻"（正确）

　　　　"滚" = "氵" + "亠" + "八" + "厶" + "亻"（错误）

　　（4）"高"字正确的拆分是"亠""冂""口"，不能拆成"亠""口""冂""口"。

　　　　"高" = "亠" + "冂" + "口"（正确）

　　　　"高" = "亠" + "口" + "冂" + "口"（错误）

　　（5）"段"字正确的拆分是"亻""三""几""又"，不能拆成"丿""丨""三""几""又"。

　　　　"段" = "亻" + "三" + "几" + "又"（正确）

　　　　"段" = "丿" + "丨" + "三" + "几" + "又"（错误）

　　（6）"甚"字的拆分顺序是"艹""三""八""乚"，而不是"艹""二""一""八""乚"。

　　　　"甚" = "艹" + "三" + "八" + "乚"（正确）

　　　　"甚" = "艹" + "二" + "一" + "八" + "乚"（错误）

　　（7）"散"字的拆分顺序是"共""月""攵"，而不能拆成"艹""一""月""攵"。

　　　　"散" = "共" + "月" + "攵"（正确）

　　　　"散" = "艹" + "一" + "月" + "攵"（错误）

　　（8）"产"字应拆成"立""丿"，而不是"六"和"厂"，也不是"六""一""丿"。

　　　　"产" = "立" + "丿"（正确）

　　　　"产" = "六" + "厂"（错误）

　　　　"产" = "六" + "一" + "丿"（错误）

　　（9）"予"字应拆成"乛""乛""丨"，而不是"乛""、""乛""丨"。

　　　　"予" = "乛" + "乛" + "丨"（正确）

　　　　"予" = "乛" + "、" + "乛" + "丨"（错误）

　　（10）"朝"字正确的拆分应为"十""早""月"，而如果拆成"十""日""十""月"就不对了。

　　　　"朝" = "十" + "早" + "月"（正确）

　　　　"朝" = "十" + "日" + "十" + "月"（错误）

　　（11）"百"字的正确拆分为"乛"和"日"，而不是"一""丿""日"，也不是"一"和"白"。

　　　　"百" = "乛" + "日"（正确）

　　　　"百" = "一" + "丿" + "日"（错误）

　　　　"百" = "一" + "白"（错误）

　　初学者往往不容易把握取大优先的尺度，这就需要牢记字根总表，将所有字根记熟。只要对字根总表非常熟悉了，再通过大量的拆字练习，才能熟练掌握这一原则。

　　3. 兼顾直观

　　在拆分合体字时，有时为了照顾字根的完整性，就不能按"书写顺序"和"取大优先"的规则拆分。当然，这种情况极少出现。例如，如下所示。

　　（1）"自"字根据"取大优先"的规则应取"亻""冂"和"三"，但是如果这样拆分，则无法兼顾字的直观性，因此五笔字型编码方案将"自"字拆分为"丿"和"目"。

"自"＝"丿"＋"目"（正确）

"自"＝"亻"＋"丁"＋"三"（错误）

（2）"国"字根据书写顺序的规则应取"冂""王""、""一"，但是如果这样拆分，同样不能使字根直观易辨，因此将"国"字拆分为"囗""王""、"。

"国"＝"囗"＋"王"＋"、"（正确）

"国"＝"冂"＋"王"＋"、"＋"一"（错误）

（3）"卤"字根据书写顺序应取"卜""冂""乂""一"，但这样拆分同样使字根难以直观易辨，因此将该字拆成"卜""囗""乂"更好一些。

"卤"＝"卜"＋"囗"＋"乂"（正确）

"卤"＝"卜"＋"冂"＋"乂"＋"一"（错误）

4．能散不连

在拆分合体字时，如果该字可以看作是几个基本字根"散"的关系，就不要看作是"连"的关系。当汉字的字根间既能"散"又能"连"时，五笔字型规定只要不是单笔画，一律按"散"的关系处理。例如，如下所示。

（1）"占"字如果按"取大优先"的规则需拆分成"上"和"凵"，但此时两个字根是"连"的关系，这样就不符合"能散不连"的规则了，因此该字应按散的关系拆分成"卜"和"口"。

"占"＝"卜"＋"口"（正确）

"占"＝"上"＋"凵"（错误）

（2）"主"字正确的拆分是"、""王"，此时两个字根间是散的关系，如果拆成"亠"和"土"就变成连的关系了。

"主"＝"、"＋"王"（正确）

"主"＝"亠"＋"土"（错误）

5．能连不交

在拆分合体字时，如果该字既可以按相连关系拆分，又可以按相交的关系拆分，则要按相连的关系拆分，因为通常"连"比"交"更为直观易记。例如，如下所示。

（1）"丑"字的正确拆分是"乛""土"，因为这两个字根之间的关系是相连的，如果取"刀""二"二者为相交关系，显然前一种拆分方法比后一种看起来更为直观。

"丑"＝"乛"＋"土"（正确）

"丑"＝"刀"＋"二"（错误）

（2）"于"字正确的拆分是"一""十"，如果取"二""丨"，就变成了相交的关系。

"于"＝"一"＋"十"（正确）

"于"＝"二"＋"丨"（错误）

（3）"午"字正确的拆分是"乍""十"，而不是"⊢""丨"。

"午"＝"乍"＋"十"（正确）

"午"＝"⊢"＋"丨"（错误）

（4）"天"字正确的拆分是"一""大"，如果拆成"二"和"人"也变成了相交的关系。

"天"＝"一"＋"大"（正确）

"天"="二"+"人"（错误）

（5）"皋"字按"取大优先"的规则可拆分成"白""木""一"，但字根"木"和"一"便成了相交的关系，因此正确的拆分应是"白""大""十"，这样 3 个字根间均是相连的关系。

"皋"="白"+"大"+"十"（正确）

"皋"="白"+"木"+"一"（错误）

以上 5 项编码规则，保证了汉字拆分的科学性和编码的唯一性。初学者一定要在多做练习的基础上记住它们。

4.2.2 末笔交叉识别码

前面讲过，五笔字型编码方案规定每个汉字的输入编码为 4 个，而有些汉字只由两个或三个字根组成，它们的编码不足 4 个。这时如果只输入字根的编码很容易造成重码，从而影响输入速度。例如，同是"口""八"两个字根，当"口"和"八"是上下型的位置关系时，可以构成"只"字，而当二者是左右型的位置关系时，则可以构成"叭"字。如果只输入"口"和"八"两个字根的编码 KW，系统无法判别用户需要的汉字是"只"还是"叭"，这样就会产生重码。

当同一个键上的字根分别与另一字根组成汉字时，也会出现重码的情况。例如，Ｓ键上有"木""丁""西" 3 个字根，当它们与Ｉ键上的"氵"字根组成汉字"沐""汀""洒"时，3 个字的编码都是 IS。如果只输入 IS，系统则无法确定用户需要输入的是哪个汉字。

为了尽可能地减少重码，五笔字型编码方案引入了末笔交叉识别码。它是由汉字的末笔笔画和字型信息共同构成的，也就是说，当汉字的编码不足 4 个时（一般称这种情况为信息量不足），便根据该字最后一笔所在的区号和该字的字型号取一个编码，加到字根编码的后面，这便是末笔交叉识别码。

五笔字型将汉字的笔画归纳为 5 种类型，即"横、竖、撇、捺、折"，而汉字字型有左右型（代号为 1）、上下型（代号为 2）、杂合型（代号为 3）3 种。通过将笔画和字型信息进行组合，就得出了 15 种末笔交叉识别码，如表 4-3 所示。

五笔字型编码方案规定所有包围型与带"辶（或廴）"的汉字，其末笔为被包围部分的最后一笔。如"团"字被拆分为"口""十""丿"，其末笔是"丿"；"远"字可拆分为"二""儿""辶"，其末笔是"乚"。

表 4-3 末笔交叉识别码

字型识别码 \ 末笔	左右型(1)	上下型(2)	杂合型(3)
横（1）	G（11）	F（12）	D（13）
竖（2）	H（21）	J（22）	K（23）
撇（3）	T（31）	R（32）	E（33）
捺（4）	Y（41）	U（42）	I（43）
折（5）	N（51）	B（52）	V（53）

下面介绍几点快速输入识别码的方法。

（1） 对于左右型（1 型）汉字，当输完字根后，补打 1 次末笔笔画所在的键位，即等同于加了"识别码"。例如，如下所示。

① "沐" = "氵" + "木"

"沐"字的末笔是"丶"，其"识别码"即为"丶"所在的键位 <kbd>Y</kbd>，因此"沐"字的完整编码为"ISY"。

② "汀" = "氵" + "丁"

"汀"字的末笔是"丨"，其"识别码"即为"丨"所在的键位 <kbd>H</kbd>，因此"汀"字的完整编码为"ISH"。

③ "洒" = "氵" + "西"

"洒"的末笔是"一"，其"识别码"即为"一"所在的键位 <kbd>G</kbd>，因此"洒"字的完整编码为"ISG"。

（2） 对于上下型（2 型）汉字，当输完字根后，补加一个由两个末笔笔画复合构成的"字根"，即等同于加了"识别码"。例如，如下所示。

① "华" = "亻" + "匕" + "十"

"华"字的末笔是"丨"，其"识别码"即为"刂"所在的键位 <kbd>J</kbd>，因此"华"字的完整编码为"WXFJ"。

② "字" = "宀" + "子"

"字"字的末笔是"一"，其"识别码"即为"二"所在的键位 <kbd>F</kbd>，因此"字"字的完整编码为"PBF"。

③ "参" = "厶" + "大" + "彡"

"参"字的末笔是"丿"，其"识别码"即为"彡"所在的键位 <kbd>R</kbd>，因此"参"字的完整编码为"CDER"。

（3） 对于杂合型（3 型）汉字，当输完字根后，补加一个由 3 个末笔笔画复合构成的"字根"，即等同于加了"识别码"。例如，如下所示。

① "同" = "冂" + "一" + "口"

"同"字的末笔是"一"，其"识别码"即为"三"所在的键位 <kbd>D</kbd>，因此"同"字的完整编码为"MGKD"。

② "串" = "口" + "口" + "丨"

"串"字的末笔是"丨"，其"识别码"即为"川"所在的键位 <kbd>K</kbd>，因此"串"字的完整编码为"KKHK"。

知识提示 识别码只是字根以外的字（即键外字）才可以追加，成字字根的编码即使不足 4 码，也一律不加识别码。如果单字加了识别码后仍然不足 4 码，则必须用 <kbd>Space</kbd> 键补足。

初学者可能认为末笔交叉识别码难学，甚至会不惜以增加重码输入为代价来片面追求所谓的"易学"，从而导致学习末笔交叉识别码的心理障碍。其实，只要掌握了以上 3 点，就可以很快学会末笔交叉识别码。

4.2.3 合体字的编码规则

从字根的构成数量来看，可以将合体字分为以下 4 类。

（1） 二元字，由 2 个字根构成的汉字。

（2） 三元字，由 3 个字根构成的汉字。

（3） 四元字，由 4 个字根构成的汉字。

（4） 多元字，由 4 个以上的字根构成的汉字。

每种类型合体字的编码规则也不尽相同，下面分别说明。

1. 二元字编码规则

二元字的编码规则是先输入全部字根，再输入一个末笔交叉识别码（简称识别码）。例如，如下所示。

（1） "她"字先取"女""也"两个字根，然后再输入末笔交叉识别码"N"。

（2） "杜"字先取"木""土"两个字根，然后再输入末笔交叉识别码"G"。

2. 三元字的编码规则

三元字的编码规则是先输入全部字根，再输入一个末笔交叉识别码。例如，如下所示。

（1） "串"字是先取"口""口""丨"，再输入末笔交叉识别码"K"。

（2） "桔"字是先取"木""士""口"，再输入末笔交叉识别码"G"。

3. 四元字的编码规则

四元字的编码规则是按照书写顺序取 4 个字根的编码。例如，如下所示。

（1） "型"字的书写顺序是"一""廾""刂""土"，其编码为 GAJF。

（2） "得"字的书写顺序是"彳""日""一""寸"，其编码为 TJGF。

（3） "都"字的书写顺序是"土""丿""日""阝"，其编码为 FTJB。

4. 多元字的编码规则

多元字的编码规则是按照书写顺序取第 1、第 2、第 3 个字根和最后一个字根。例如，如下所示。

（1） "输"字按照书写顺序可拆分成"车""人""一""月""刂"，取该字的第 1、第 2、第 3 个字根和最后一个字根，其编码为 LWGJ。

（2） "编"字可拆分成"纟""、""尸""冂""廾"，取该字的第 1、第 2、第 3 个字根和最后一个字根，其编码为 XYNA。

4.2.4 合体字输入练习

前面用了大量的篇幅介绍了合体字的拆分规则、编码规则及末笔交叉识别码的输入方法。这是因为合体字占了汉字的绝大部分，学会了合体字的输入方法，也就等于学会了汉字的输入。

1. 练习要求

输入下面一组汉字。

即 卡 知 端 圆 照 空 转 善 差 般 藏 场 乌 鸟

凹 凸 期 曹 扁 遇 属 预 疏 假 单 市 制 孩

2. 练习要点

首先将上面的每个汉字拆分成字根。

① "即" = "彐"（V）+ "厶"（C）+ "卩"（B）+H（末笔交叉识别码）

编码：VCBH(3)　98 版编码：VBH

知识提示

汉字编码后面括号中的数字代表该字的简码级数。

② “卡” = “上”（H）+ “卜”（H）+U（末笔交叉识别码）
编码：HHU
③ “知” = “𠂉”（T）+ “大”（D）+ “口”（K）+G（末笔交叉识别码）
编码：TDKG(2)
④ “端” = “立”（U）+ “山”（M）+ “𠂆”（D）+ “||”（J）
编码：UMDJ(3)
⑤ “圆” = “囗”（L）+ “口”（K）+ “贝”（M）+I（末笔交叉识别码）
编码：LKMI
⑥ “照” = “日”（J）+ “刀”（V）+ “口”（K）+ “灬”（O）
编码：JVKO
⑦ “空” = “宀”（P）+ “八”（W）+ “工”（A）+F（末笔交叉识别码）
编码：PWAF(2)
⑧ “转” = “车”（L）+ “二”（F）+ “𠃌”（N）+ “丶”（Y）
编码：LFNY(3)
⑨ “善” = “丷”（U）+ “䒑”（D）+ “䒤”（U）+ “口”（K）
编码：UDUK
⑩ “差” = “丷”（U）+ “𡗗”（D）+ “工”（A）+F（末笔交叉识别码）
编码：UDAF(3)　98版编码：UAF
⑪ “般” = “丿”（T）+ “⺼”（E）+ “几”（M）+ “又”（C）
编码：TEMC(3)　98版编码：TUWC
⑫ “藏” = “艹”（A）+ “厂”（D）+ “乚”（N）+ “丿”（T）
编码：ADNT　98版编码：AAUN(3)
⑬ “场” = “土”（F）+ “𠃌”（N）+ “彡”（R）+T（末笔交叉识别码）
编码：FNRT
⑭ “乌” = “勹”（Q）+ “乛”（N）+ “一”（G）+D（末笔交叉识别码）
编码：QNGD(3)　98版编码：TNNG(3)
⑮ “鸟” = “勹”（Q）+ “丶”（Y）+ “乛”（N）+ “一”（G）
编码：QYNG　98版编码：QGD
⑯ “凹” = “几”（M）+ “冂（M）” + “一”（G）+D（末笔交叉识别码）
编码：MMGD　98版编码：HNH
⑰ “凸” = “丨”（H）+ “一”（G）+ “冂”（M）+ “一”（G）
编码：HGMG(3)　98版编码：HGH
⑱ “期” = “廾”（A）+ “三”（D）+ “八”（W）+ “月”（E）
编码：ADWE　98版编码：DWEG(3)
⑲ “曹” = “一”（G）+ “冂”（M）+ “艹”（A）+ “日”（J）
编码：GMAJ(3)　98版编码：GMAJ

⑳ "扁" = "丶"（Y）+ "尸"（N）+ "冂"（M）+ "廾"（A）

　　编码：YNMA

㉑ "遇" = "日"（J）+ "冂"（M）+ "丨"（H）+ "辶"（P）

　　编码：JMHP(2)

㉒ "属" = "尸"（N）+ "丿"（T）+ "口"（K）+ "丶"（Y）

　　编码：NTKY(3)

　　"遇"字和"属"字都属于多元字，即它们都是由多于 4 个的字根组成的。拆分时无须将它们全部拆开，只拆其前 3 个字根加最后一个字根即可，如果该字有简码则只拆到简码级数规定的字根便可将该字输入。

㉓ "预" = "マ"（C）+ "卩"（B）+ "⺁"（D）+ "贝"（M）

　　编码：CBDM　　98 版编码：CNHM

㉔ "疏" = "乛"（N）+ "止"（H）+ "亠"（Y）+ "儿"（Q）

　　编码：NHYQ(3)　　98 版编码：NHYK(3)

㉕ "假" = "亻"（W）+ "コ"（N）+ "丨"（H）+ "又"（C）

　　编码：WNHC(3)

㉖ "单" = "丷"（U）+ "日"（J）+ "十"（F）+J（末笔交叉识别码）

　　编码：UJFJ

㉗ "市" = "亠"（Y）+ "冂"（M）+ "丨"（H）+J（末笔交叉识别码）

　　编码：YMHJ

㉘ "制" = "⺓"（R）+ "冂"（M）+ "丨"（H）+ 刂（J）

　　编码：RMHJ

㉙ "孩" = "子"（B）+ "亠"（Y）+ "乛"（N）+ "人"（W）

　　编码：BYNW

　　本书所有范例均使用 86 版五笔输入，使用 98 版五笔的读者可根据上面拆字时给出的编码提示调整汉字的输入编码。

3. 练习步骤

STEP 1　　启动【写字板】程序，打开五笔字型输入法。

STEP 2　　由于"即"字属于三级简码，因此只需键入该字的前 3 个编码"vcb"加 Space 键即可将其输入。

　　有相当一部分汉字都不足 4 码，需要添加末笔交叉识别码。但由于设置了简码，因此许多常用汉字都不再需要敲足 4 个键，也就省去了添加识别码的麻烦，从而加快了文字的输入速度。希望读者在练习时，尽量使用简码输入。

STEP 3　　键入第 2 个汉字的编码"hhu"加 Space 键，"卡"字被输入。

　　由于"卡"字只由两个字根组成，即使加了末笔交叉识别码也不足 4 码，因此需要敲 Space 键补足 4 码。

STEP 4　"知"字属于二级简码，键入该字的前两个编码"td"加 Space 键将其输入。

STEP 5　"端"字属于三级简码，键入该字的前 3 个编码"umd"加 Space 键将其输入。

STEP 6　"圆"字没有简码，需键入该字的全部编码"lkmi"将其输入。

STEP 7　"照"字没有简码，需键入该字的全部编码"jvko"将其输入。

STEP 8　"空"字属于二级简码，只需键入前两个编码"pw"加 Space 键即可输入。

STEP 9　"转"字属于三级简码，键入该字的前 3 个编码"lfn"加 Space 键将其输入。

STEP 10　"善"字没有简码，需键入汉字的全部编码"uduk"将其输入。

STEP 11　"差"字属于三级简码，键入其前 3 个编码"uda"加 Space 键将其输入。

STEP 12　"般"字属于三级简码，键入其前 3 个编码"tem"加 Space 键将其输入。

STEP 13　"藏"字没有简码，需键入全部编码"adnt"将其输入。

STEP 14　"场"字没有简码，需键入全部编码"fnrt"将其输入。

STEP 15　"鸟"字属于三级简码，只键入该字的前 3 个编码"qng"，即可将其输入。

STEP 16　"鸟"字没有简码，需键入全部编码"qyng"将该字输入。

STEP 17　"凹"字没有简码，需键入全部编码"mmgd"将其输入。

STEP 18　"凸"字属于三级简码，键入该字的前 3 个编码"hgm"加 Space 键将其输入。

STEP 19　"期"字没有简码，需键入该字的全部编码"adwe"将其输入。

STEP 20　"曹"字属于三级简码，键入其前 3 个编码"gma"加 Space 键将其输入。

STEP 21　"扁"字没有简码，需键入该字的全部编码"ynma"将其输入。

STEP 22　"遇"字属于二级简码，键入其前两个编码"jm"加 Space 键将其输入。

STEP 23　"属"字属于三级简码，键入其前 3 个编码"ntk"加 Space 键将其输入。

STEP 24　"预"字属于三级简码，键入其前 3 个编码"cbd"加 Space 键将其输入。

STEP 25　"疏"字属于三级简码，键入其前 3 个编码"nhy"加 Space 键将其输入。

STEP 26　"假"字属于三级简码，键入其前 3 个编码"wnh"加 Space 键将其输入。

STEP 27　"单"字没有简码，需键入其全部编码"ujfj"将其输入。

STEP 28　"市"字也没有简码，需键入其全部编码"ymhj"将其输入。

STEP 29　"制"字同样没有简码，需键入其全部编码"rmhj"将其输入。

STEP 30　"孩"字也没有简码，需键入该字的全部编码"bynw"将其输入。

4.2.5　输入技巧

　　通过 4.2.4 小节的练习不难发现，输入合体字的难点在于正确拆分汉字，尤其是掌握末笔交叉识别码的输入方法。下面向读者介绍一个小技巧，来解决遇到不会拆的汉字的输入。

　　在背字根分配表时，读者可能有过这样的疑问，为什么只把字根排列在除 **Z** 键外的 25 个字母键上？**Z** 键没有用处吗？其实 **Z** 键在五笔字型中有很重要的作用。当对字根键位不熟悉或对某些汉字的字根拆分有困难时，**Z** 键的作用便显现出来了。

　　例如，要输入"键"字却忘了该字第 2、第 3 字根的键位时，可以用 **Z** 键来代替第 2、第 3 字根的键位，即输入"qzzp"，则在重码提示窗口中会出现包括"键"字在内的所有首字根在 **Q** 上，末字根在 **P** 上的字，如图 4-1 所示。

　　又如，当不知道如何拆分"该"字的第 2 码和第 3 码时，可以用 **Z** 键来代替，即键入"yzzw"，则在重码提示窗口中会出现该字的正确编码，如图 4-2 所示。

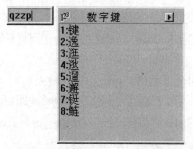

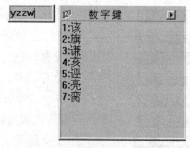

图4-1 使用Z键代替字根的键位   图4-2 使用Z键代替字根

由于Z键具有帮助学习的作用，它可以用来代替其他键位和汉字的任何字根，所以称Z键为"万能学习键"。

读者初学五笔字型时，如果记不住汉字的编码，可以充分利用Z键来帮助学习。但是，在拆分某个汉字前，必须要记住其最基本的字根。因为用Z键代替的编码越多，系统在重码提示窗口中列出来的符合条件的汉字也就越多，这样Z键的帮助作用会越来越小。当输入的4个编码都是Z时，会列出字库中的全部汉字，显然没有任何帮助的意义了，所以读者必须在学习和记忆字根分布的基础上利用Z键，这样才能有效地发挥它的作用。

另外需要注意的是，不同的五笔字型输入软件其Z键的功能也不尽相同，有些五笔输入软件对Z键的功能进行了加强。如在五笔加加中，使用的是拼音辅助法，即若使用者完全记不住某个汉字的五笔编码，也可以在按下Z键后，通过拼音将汉字输入。还可以同时查出该字的编码，这样就使得Z键功能变得更加灵活和实用。参见本书第7章7.1节中对该功能的详细介绍。

4.3 汉字简码

在输入汉字的过程中，有些单字根本用不着输入四码，只需输入一码、两码或者三码，再加 Space 键即可。这是五笔字型为了提高输入速度，对一些常用字的输入进行了简化的结果。只取某字的1~3码，再加 Space 键即可输入，这便是一、二、三级简码。

有了这些简码的存在，用户平均每两个字只需要敲5下键，只有很少的一些字需要将四码敲全，这也就是五笔字型之所以能够高速输入汉字的一个主要原因。

4.3.1 一级简码

一级简码又叫高频字，就是将现代汉语中使用频率最高的25个汉字，分布在键盘的25个字母键上（除Z键），每个键上一个，输入时只需敲击一下简码字所在的键，再敲击一下 Space 键即可。一级简码的键盘分布如图4-3所示（86版和98版相同）。

图4-3 一级简码键盘分布

从图4-3中可以看到，分布在11~55区中的25个一级简码分别是，一地在要工，上是中国同，和的有人我，主产不为这，民了发以经。用户只要将这些字当成口诀并结合着键盘分布图一起记住，会大大提高汉字的输入速度。

从一级简码的分布情况可以总结出这样一个规律，即一级简码基本上都含有其所在键位上的字根。如"上"字所在的 H 键上有"卜"这个字根，"是"字所在的 J 键位上有"日"这个字根等。只有"我"和"为"这两个高频字没有所在键上的字根，需要单独记忆。

4.3.2 二级简码

二级简码是由汉字的前两个字根组成的，也就是由 25 个键位排列组合而成的，共有 600 个左右，分别如表 4-4、表 4-5 所示。

这 600 多个汉字的使用频率占到了所有汉字的 60%。如果将二级简码对应的汉字全部记住的话，打字速度会产生质的飞跃。

表 4-4　86 版二级简码

	GFDSA	HJKLM	TREWQ	YUIOP	NBVCX
G	五于天末开	下理事画现	玫珠表珍列	玉平不来琮	与屯妻到互
F	二寺城霜载	直进吉协南	才垢圾夫无	坎增示赤过	志地雪支坶
D	三夺大厅左	丰百右历面	帮原胡春克	太磁砂灰达	成顾肆友龙
S	本村枯林械	相查可楞杨	格析极检构	术样档杰棕	杨李要权楷
A	七革基苛式	牙划或功贡	攻匠菜共区	芳燕东蒌芝	世节切芭药
H	睛睦睚盯虎	止旧占卤贞	睡睥肯具餐	眩瞳步眯瞎	卢　眼皮此
J	量时晨果虹	早昌蝇曙遇	昨蝗明蛤晚	景暗晃显晕	电最归紧昆
K	呈叶顺呆呀	中虽吕另员	呼听吸只史	嘛啼吵噗喧	叫啊哪吧哟
L	车轩因困轼	四辊加男轴	力斩胃办罗	罚较　辚边	思囝轨轻累
M	同财央朵曲	由则迥崭册	几贩骨内风	凡赠峭赕迪	岂邮　凤嶷
T	生行知条长	处得各务向	笔物秀答称	入科秒秋管	秘季委么第
R	后持拓打找	年提扣押抽	手折扔失换	扩拉朱搂近	所报扫反批
E	且肝须采肛	胀胆肿胁肌	用遥朋脸胸	及胶膛膦爱	甩服妥肥脂
W	全会估休代	个介保仪仙	作伯仍从你	信们偿伙依	亿他分公化
Q	钱针然钉氏	外旬名甸负	儿铁角欠多	久匀乐炙锭	包凶争色镪
Y	主计庆订度	让刘训为高	放诉衣认义	方说就变这	记离良充率
U	闰半关亲并	站间部曾商	产瓣前闪交	六立冰普帝	决闻妆冯北
I	汪法尖洒江	小浊澡渐没	少泊肖兴光	注洋水淡学	沁池当汉涨
O	业灶类灯煤	粘烛炽烟灿	烽煌粗粉炮	米料炒炎迷	断籽娄烃糨
P	定守害宁宽	寂审宫军宙	客宾家空宛	社实宵灾之	官字安它
N	怀导居懊民	收慢避惭届	必怕　愉懈	心习悄屡忧	忆敢恨怪尼
B	卫际承阿陈	耻阳职阵出	降孤阴队隐	防联孙耿辽	也子限取陛
V	姨寻姑杂毁	叟旭如舅妯	九姊奶奂婚	妨嫌录灵巡	刀好妇妈姆
C	骊对参骠红	骒台劝观	矣牟能难允	驻骈　驼	马邓艰双
X	线结顷缥红	引旨强细纲	张绵级给约	纺弱纱继综	纪弛绿经比

表4-5 98版二级简码

	GFDSA	HJKLM	TREWQ	YUIOP	NVCX
G	五于天末开	下理事画现	麦珀表珍万	玉来求亚琛	与击妻到互
F	十寺城某域	直刊吉雷南	才垢协零地	坊增示赤过	志城雪支坶
D	三夺大厅左	还百右面而	故原历其克	太辜砂矿达	成破肆友龙
S	本票顶林模	相查可柬贾	枚析杉机构	术样档杰枕	札李根权楷
A	七革苦莆式	牙划或苗贡	攻区功共匹	芳蒋东蘑芝	艺节切芭药
H	睛睦非盯瞒	步旧占卤贞	睡睥肯具餐	虔瞳步虚瞎	虑眼眸此
J	量时晨果晓	早昌蝇曙遇	鉴蚯明蛤晚	影暗晃显蛇	电最归坚昆
K	号叶顺呆呀	足虽吕喂员	吃听另只兄	唁咬吵嘛喧	叫啊嘛吧哟
L	车团因困轨	四辊回田轴	略斩男界罗	罚较辘连	思团轨轻累
M	赋财央崭曲	由则迥崭册	败冈骨内见	丹赠峭赃迪	岂邮峻幽
T	年等知条长	处得各备身	铁稀秒答稳	入冬秒秋乏	乐秀委么每
R	后质拓打找	看提扣押抽	手折拥兵换	搞拉泉扩近	所报扫反指
E	且肚须采肛	毡胆加舆觅	用貌朋办胸	肪胶膛脏边	力服妥肥脂
W	全什估休代	个介保佃仙	八风佣从你	信你偿伙仫	亿他分公化
Q	钱针然钉工	外旬名甸负	儿勿角欠多	久匀尔炙锭	包迎争色锴
Y	证计诚订试	让刘训亩市	放义衣认询	方详就亦亮	记离良充率
U	半斗头亲并	着间问闸端	道交前闪次	六立冰普	闷疗妆痛北
I	光汗尖浦江	小浊溃泗油	少汽肖没沟	济洋水渡党	沁波当汉涨
O	精庄类床席	业烛煤库灿	庭粕粗府底	广粒应炎迷	断籽数序鹿
P	家守害宁赛	寂审宫军宙	客宾农空宛	社实宵灾之	官字安它
N	那导居懒异	收慢避惭届	改怕尾恰懈	心飞尿屡忧	已敢恨怪尼
B	卫际承阿陈	耻阳职阵出	降孤阴队陶	及联孙耿辽	也子限取陛
V	建寻姑杂既	肃旭如姻妯	九婢姐妗婚	妨嫌录灵退	恳妇妈姆
C	马对参牺戏	台观	矣能难物	叉	予邓艰双
X	线结顷缚红	引旨强细贯	乡绵组给约	纺弱纱继综	纪级绍弘比

86版和98版的二级简码有很大的不同，在记忆时一定要根据自己所使用的五笔版本进行选择，不要将它们弄混了。

二级简码的输入方法非常简单，只需敲击汉字的前两码，再敲击一次 `Space` 键即可。
例如：

- "理" ="王"（G）+"日"（J）+ `Space` 键
- "商" ="六"（U）+"冂"（M）+ `Space` 键
- "率" ="亠"（Y）+"幺"（X）+ `Space` 键
- "南" ="十"（F）+"冂"（M）+ `Space` 键

4.3.3　三级简码

只要某个汉字的前 3 个字根编码在五笔字型中是唯一的，这个字就可以用三级简码来输入。在汉字中，三级简码共有 4 000 多个。虽然三级简码在输入时也需要敲 4 下，但因为有很多字不用再追加末笔交叉识别码，无形中也提高了汉字的输入速度。

三级简码字的输入方法是敲击汉字的前 3 个字根对应的编码，再加一个 Space 键。

例如：

- "情" = "忄"（N）+ "青"（G）+ "月"（E）+ Space 键
- "简" = "竹"（T）+ "门"（U）+ "日"（J）+ Space 键
- "填" = "土"（F）+ "十"（F）+ "月"（H）+ Space 键
- "胺" = "月"（E）+ "宀"（P）+ "女"（V）+ Space 键

有一点请注意，同一个汉字有时可以有几种编码方式。例如，"经"字可以同时有一级、二级、三级简码和全码 4 种编码方式，如下所示。

- 经：X（55）
- 经：XC（55　54）
- 经：XCA（55　54　15）
- 经：XCAG（55　54　15　11）

下面来练习三级简码的输入。

1.　练习要求

练习要求：输入下面一组汉字。

践 练 据 输 更 快 接 瑞 组 合

2.　练习要点

将上面的汉字进行拆分。

① "践" = "口"（K）+ "止"（H）+ "戋"（G）

　　编码：KHG

② "练" = "纟"（X）+ "匚"（A）+ "乛"（N）

　　编码：XAN

③ "据" = "扌"（R）+ "尸"（N）+ "古"（D）

　　编码：RND

④ "输" = "车"（L）+ "人"（W）+ "一"（G）

　　编码：LWG

⑤ "更" = "一"（G）+ "日"（J）+ "乂"（Q）

　　编码：GJQ

⑥ "快" = "忄"（N）+ "ユ"（N）+ "人"（W）

　　编码：NNW

⑦ "接" = "扌"（R）+ "立"（U）+ "女"（V）

　　编码：RUV

⑧ "瑞" = "王"（G）+ "山"（M）+ "𠂆"（D）

　　编码：GMD

⑨ "组" = "纟"（X）+ "月"（E）+ "一"（G）

　　编码：XEG

⑩ "合" = "人"（W）+ "一"（G）+ "口"（K）

　　编码：WGK

3. 练习步骤

STEP 1 启动【写字板】程序，打开五笔字型输入法。

STEP 2 键入第 1 个字的编码 "khg"，敲击 Space 键，"践" 字被输入。

STEP 3 键入第 2 个字的编码 "xan"，敲击 Space 键，"练" 字被输入。

STEP 4 键入第 3 个字的编码 "rnd"，敲击 Space 键，"据" 字被输入。

STEP 5 键入第 4 个字的编码 "lwg"，敲击 Space 键，"输" 字被输入。

STEP 6 键入第 5 个字的编码 "gjq"，敲击 Space 键，"更" 字被输入。

STEP 7 键入第 6 个字的编码 "nnw"，敲击 Space 键，"快" 字被输入。

STEP 8 键入第 7 个字的编码 "ruv"，敲击 Space 键，"接" 字被输入。

STEP 9 键入第 8 个字的编码 "gmd"，敲击 Space 键，"瑞" 字被输入。

STEP 10 键入第 9 个字的编码 "xeg"，敲击 Space 键，"组" 字被输入。

STEP 11 键入第 10 个字的编码 "wgk"，敲击 Space 键，"合" 字被输入。

　　三级简码包括了大量的汉字，不可能将它们全部记住，只需记住一些常用字便可。另外，现在使用的五笔输入法都具有联想提示功能，在输入汉字时注意查看编码窗口的提示，可以帮助读者快速记忆汉字的编码。

4.4　单字输入练习

　　前面学习了单字的输入方法，下面开始利用金山打字通 2013 进行单字输入的综合练习。在练习之前，请读者先背一首拆字口诀，这会对实际运用五笔字型输入法有所帮助。

　　　　五笔字型均直观，依照笔顺把码编，键名汉字打四下，基本字根请照搬，

　　　　一二三末取四码，顺序拆分大优先，不足四码要注意，交叉识别补后边。

1. 练习要求

（1）　完成金山打字通 2013 提供的所有单字练习课程。

（2）　单字的输入速度应达到每分钟 80 字，错误率不超过 1%。

2. 练习要点

（1）　熟记单字的拆分规则和编码规则。

（2）　熟练掌握常用字的输入方法。

3. 练习步骤

STEP 1 启动金山打字通 2013，打开其主窗口。

STEP 2 单击主窗口中【五笔打字】按钮，进入【五笔打字】模块（见图 3-6）。

STEP 3 单击【单字练习】按钮，进入【单字练习】页面，如图 4-4 所示。

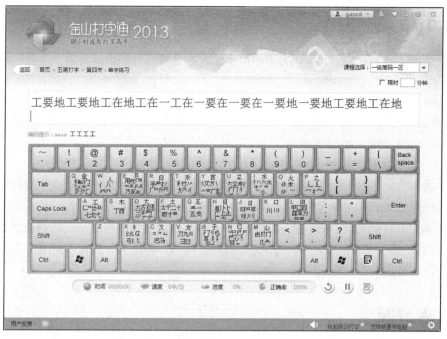

图4-4 【单字练习】页面

STEP 4 【单字练习】页面中默认的课程是"一级简码一区",用户可根据需要,在【课程选择】下拉列表(见图4-5)中选择相应的课程。

STEP 5 【单字练习】页面中默认的五笔字型版本是 86 版五笔字型,用户可单击练习页右下角的 ⚙ 按钮,打开【设置】对话框(见图4-6)进行相应设置。

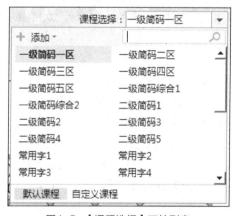

图4-5 【课程选择】下拉列表

图4-6 【设置】对话框

在【单字练习】页面中,上排给出了汉字,中间给出了编码提示,下排给出了字根分布图。练习时,需要打开五笔字型。

多学一招

在练习过程中,如遇到不会拆的汉字可看一下编码提示。
注意练习时别忘了使用简码输入,这样会节省不少时间。

STEP 6 单字练习完成后,在【单字练习】练习页面中,单击 ▤ 按钮,进入【单字练习】测试页面,进行字根测试,以检验自己的练习效果。

4.5 小结

本章系统介绍了五笔字型编码方案中单字输入的各种拆分和编码规则，主要包括以下几个方面。

- 键面字的拆分和编码规则。
- 合体字的拆分和编码规则。
- 末笔交叉识别码的输入规则。
- 汉字简码的输入规则。

单字输入是文字输入的基础，只有学会了单字的拆分规则和编码规则，才能进一步学好词组和简码的输入。其实单字的拆分规则和编码规则学习起来并不难，真正的难点是正确拆分汉字和添加末笔交叉识别码。要掌握这些难点除了熟记规则和遵循一定的规律之外，关键是多做练习。"熟"了自然就能够"生巧"，练习、练习、再练习，才是学好五笔字型输入法的根本方法，也是一把万能的钥匙。

4.6 练习题

1. 请写出下列成字字根的五笔编码及它们的简码，并以每分钟 80 字的速度将它们输入 Windows 的写字板中。

　　五、一、士、干、二、十、雨、寸、犬、三、古、石、厂、丁、西、七、上、卜、止、早、虫、川、甲、四、车、力、由、贝、几、竹、手、斤、用、乃、八、夕、儿、文、方、广、六、门、辛、小、米、乙、尸、心、羽、耳、了、也、刀、九、巴、马、弓、匕

2. 请拆分出下列汉字的末笔交叉识别码，并将它们以每分钟 80 字的速度输入 Windows 的写字板中。

（1）左右型。

　　把、败、拌、场、倡、扯、仇、触、待、悼、钓、肚、妒、剂、杆、弘、幻、汇、佳、仅、汗、奸、惊、诀、钩、刊、扛、抗、孔、框、矿、旷、驰、伐、犯、访、封、伏、付、改、故、刮、挂、吠、坤、垃、泪、礼、利、粒、判、谁、私、翔、泄、钥、扎、轧、债、栈、伴、仰、耶、推、洼、旺、唯、位、蚊、沃、仔、汁、阴、植、址、钟、诌、住、壮、椎、谆、孜、拥、幼、秧、驭、诵、酥、她、凉、漏、掠、码、吗、捏、奴、呕、拍、刨、仆、泣、仟、浅、巧、琼、仁、汝、晒、汕、叹、讨、伍、悟、虾、刑、汹、杓

（2）上下型。

　　艾、备、仓、草、尘、愁、臭、单、旦、笛、翟、冬、尔、奋、父、皋、告、汞、盅、苟、辜、旱、皇、卷、卡、看、元、哭、苦、亏、奎、兰、雷、亨、昏、霍、忌、贾、笺、茧、卉、见、芦、仑、买、麦、美、孟、苗、聂、弄、艺、走、足、余、鱼、予、忘、妄、午、盏、杏、兄、香、紊、皂、责、孕、宰、卓、亩、童、市、宋、去、岁、云、声、玄、套、舀、誉、邑、异、页、穴、岩、章、县、笆、泵、京、竟、栗、茄、芹、青、泉、圭、夯、票、齐、乞、企、气、羌、其、冗、杀、尚、秃、芜、吾、昔、芯

（3）杂合型。

　　床、闯、丹、斗、飞、甘、固、弗、巨、句、库、匡、户、回、闰、井、厘、连、疗、

闷、庙、闽、农、曳、圆、厕、尺、叉、勺、问、阎、厌、匣、闲、凹、戒、庐、疟、迫、
囚、酉、尹、痈、屎、瘴、痔、廷、厅、冉、丫、申、隶、虏、匹、勿、乡、万、头、丸、
戎、巾、丘、亡、壬、未、应、斥、刁、卞、刃、扇、屑、君、尿、里、击、肩、眉、灭、
牛、自、正、丈、舌、升、血、匹

3. 写出下列汉字的简码。

工、了、以、在、有、地、一、上、不、是、中、国、同、民、为、这、我、的、要、
和、产、发、人、经、主、五、于、天、末、开、下、理、事、画、现、表、珍、列、玉、
平、不、来、与、妻、到、互、二、寺、城、霜、直、进、南、才、夫、无、增、示、过、
志、地、雪、机、三、大、左、丰、百、右、面、帮、原、胡、春、克、太、灰、达、成、
友、龙、本、林、相、查、可、术、样、档、杰、李、要、七、革、基、式、划、或、功、
共、区、东、节、切、虎、止、步、眼、皮、此、量、时、早、昌、明、紧、顺、另、只、
车、因、四、加、男、力、思、几、风、生、行、知、向、物、答、称、第、后、年、提、
手、所、用、爱、全、作、从、你、们、他、分、公、化、钱、然、儿、为、高、变、这、
记、小、字、安、九、双、线、强、张、比、鞍、奥、巴、拔、摆、板、扮、瓣、榜、宝、
抱、暴、杯、背、惫、铸、笨、鼻、毕、敝、碧、玻、柴、劈、翅、揣、醋、带、耽、党、
德、滴、蝶、殿、丢、独、缎、堆、恩、愤、福、复、咐、刚、耕、弓、惯、罕、寒、韩、
河、横、滑、乎、既、假、刻、蓝、炼、楼、鲁、慢、弥、约、呢、泥、母、暖、舞、茂、
尊、嘴

4. 请写出下列合体字的五笔编码及它们的简码，并以每分钟 80 字的速度将它们输入
Windows 的写字板中。

拔、插、肃、庸、无、韦、考、求、事、吏、再、成、革、辰、臣、东、风、精、徒、
伊、统、编、活、准、磨、降、训、曹、决、瓦、臧、牙、夹、夷、严、击、其、末、敖、
龙、史、丐、电、禹、霾、越、戍、饭、殷、巫、丧、柬、乎、册、爽、羊、养、敝、垂、
勿、氏、缶、奥、熏、釜、矢、失、千、丢、重、永、刻、秉、毛、长、身、谢、兔、片、
啤、貌、爪、瓜、匈、象、乖、毋、州、半、兆、良

第5章
五笔字型词组输入

PART 5

使用五笔字型输入汉字可以达到很高的输入速度，但如果只是单字输入的话，就算达到人类极限，最多也只能每分钟输入 120 字，显然还不能算作高速输入。五笔字型允许输入词组，而且其编码方式与单字相同，即不管词组的长短，只需四码便可输入，这无疑又使文字的输入速度有了一个飞跃。

词组是由两个或两个以上的汉字组合而成的，一般分为二字词、三字词、四字词及多字词 4 种。在五笔字型中，词组的类型不同，其编码规则也有所区别。本章就来介绍词组的输入方法。

学习目标

- 熟记二字词组的编码规则，并实现快速输入。
- 熟记三字词组的编码规则，并实现快速输入。
- 熟记四字和多字词组的编码规则，并实现快速输入。

重点和难点

- 二字词组的编码规则。
- 三字词组的编码规则。
- 四字和多字词组的编码规则。

5.1 二字词

二字词就是由两个汉字组成的词组，这在汉字文章中随处可见。在五笔中二字词也是由 4 个编码组成的，平均一个字敲两次键便可输入。

5.1.1 二字词的编码规则

二字词的编码规则是按书写顺序取每个字的前两个编码。例如：

- "汉字" = "氵"（I）+ "又"（C）+ "宀"（P）+ "子"（B）
  编码为 ICPB

- "实践" = "宀"（P）+ "⺀"（U）+ "口"（K）+ "止"（H）
  编码为 PUKH
- "操作" = "扌"（R）+ "口"（K）+ "亻"（W）+ "⺅"（T）
  编码为 RKWT
- "机器" = "木"（S）+ "几"（M）+ "口"（K）+ "口"（K）
  编码为 SMKK

当词组中包括键名字或成字字根时，仍然取每个字的前两个编码。

例如：

- "金子" = "金"（Q）+ "金"（Q）+ "子"（B）+ "子"（B）
  编码为 QQBB
- "马车" = "马"（C）+ "丁"（N）+ "车"（L）+ "一"（G）
  编码为 CNLG

5.1.2　二字词的输入练习

了解了二字词的编码规则后，下面利用金山打字通 2013 练习二字词的输入。

1．练习要求

（1）　完成金山打字通 2013 提供的所有二字词练习课程。

（2）　输入速度应达到每分钟 120 字，正确率 99%。

2．练习要点

（1）　熟记二字词的编码规则。

（2）　熟练二字词的输入法。

3．练习步骤

STEP 1　启动金山打字通 2013，打开其主窗口。

STEP 2　单击主窗口中【五笔打字】按钮，进入【五笔打字】模块（见图 3-6）。

STEP 3　单击【词组练习】按钮，进入【词组练习】页面，如图 5-1 所示。

图5-1　【词组练习】页面

STEP 4 【词组练习】页面中默认的课程是"二字词组1"，用户可根据需要，在【课程选择】下拉列表（见图5-2）中选择相应的二字词组课程。

STEP 5 【词组练习】页中默认的五笔字型版本是86版五笔字型，单击练习页面右下角的 ⚙ 按钮，打开【设置】对话框（见图5-3）可进行相应设置。

图5-2 【课程选择】下拉列表

图5-3 【设置】对话框

在【词组练习】页面中，上排给出了词组，中间给出了编码提示，下排给出了字根分布图。练习时，需要打开五笔字型。

知识提示　　　　在练习过程中，如遇到不会拆的词组可看一下编码提示。

STEP 6 词组练习完成后，在【词组练习】练习页面中，单击 按钮，进入【词组练习】测试页面，进行字根测试，以检验自己的练习效果。

5.2 三字词

三字词就是由3个汉字组成的词组，这在汉字文章中随处可见。在五笔中三字词也是由4个编码组成的。

5.2.1 三字词的编码规则

三字词的编码规则是取该词组前两个字的第1码，最后一个字的前两个码。

例如：

● "海南省" = "氵"（I）+ "十"（F）+ "小"（I）、"丿"（T）

  编码为 IFIT

● "劳动者" = "艹"（A）+ "二"（F）+ "土"（F）+ "丿"（T）

  编码为 AFFT

● "联合会" = "耳"（B）+ "人"（W）+ "人"（W）+ "二"（F）

  编码为 BWWF

● "办公厅" = "力"（L）+ "八"（W）+ "厂"（D）+ "丁"（S）

  编码为 LWDS

5.2.2 三字词的输入练习

了解了三字词的编码规则后，下面利用金山打字通 2013 练习三字词的输入。

1. 练习要求

（1） 完成金山打字通 2013 提供的所有三字词练习课程。

（2） 输入速度应达到每分钟 120 字，正确率 99%。

2. 练习要点

（1） 熟记三字词的编码规则。

（2） 熟练三字词的输入法。

3. 练习步骤

STEP 1　　启动金山打字通 2013，打开其主窗口。

STEP 2　　单击主窗口中【五笔打字】按钮，进入【五笔打字】模块（见图 3-6）。

STEP 3　　单击【词组练习】按钮，进入【词组练习】页面（见图 5-1）。

STEP 4　　【词组练习】页中默认的课程是"三字词组 1"，用户可根据需要，在【课程选择】下拉列表（见图 5-2）中选择相应的三字词组课程，页面如图 5-4 所示（选择"三字词组 1"课程）。

图5-4　【词组练习】页——"三字词组 1"课程

STEP 5　　【词组练习】页中默认的五笔字型版本是 86 版五笔字型，单击练习页面右下角的 ⚙ 按钮，打开【设置】对话框（见图 5-3）可进行相应设置。

在【词组练习】页面中，上排给出了字根，中间给出了编码提示，下排给出了字根分布图。练习时，需要打开五笔字型。

STEP 6　　词组练习完成后，在【词组练习】练习页面中，单击 🖹 按钮，进入【词组练习】测试页面，进行字根测试，以检验自己的练习效果。

5.3　四字和多字词

四字和多字词就是由 4 个或 4 个以上的汉字组成的词组，这在汉字文章中随处可见。在五笔中四字和多字词也是由 4 个编码组成的。

5.3.1　四字和多字词的编码规则

由 4 个汉字组成的词组称为四字词，四字词的编码规则是各取 4 个汉字的第 1 码。例如：

- "五笔字型" = "五"（G）+ "竹"（T）+ "宀"（P）+ "一"（G）
  编码为 GTPG
- "国际合作" = "囗"（L）+ "阝"（B）+ "人"（W）+ "亻"（W）
  编码为 LBWW
- "技术人员" = "扌"（R）+ "木"（S）+ "人"（W）+ "口"（K）
  编码为 RSWK
- "欣欣向荣" = "斤"（R）+ "斤"（R）+ "丿"（T）+ "艹"（A）
  编码为 RRTA

由 4 个以上汉字组成的词组称为多字词，多字词的编码规则是取前 3 个字的第 1 码以及最后一个字的第 1 码。

例如：

- "联合国总部" = "耳"（B）+ "人"（W）+ "囗"（L）+ "立"（U）
  编码为 BWLU
- "工程技术人员" = "工"（A）+ "禾"（T）+ "扌"（R）+ "口"（K）
  编码为 ATRK
- "对外经济贸易部" = "又"（C）+ "夕"（Q）+ "纟"（X）+ "立"（U）
  编码为 CQXU
- "中华人民共和国" = "口"（K）+ "亻"（W）+ "人"（W）+ "囗"（L）
  编码为 KWWL

5.3.2　四字和多字词的输入练习

了解了四字和多字词的编码规则后，下面利用金山打字通 2013 练习四字和多字词的输入。

1.　练习要求

（1）　完成金山打字通 2013 提供的所有四字和多字词练习课程。

（2）　输入速度应达到每分钟 120 字，正确率 99%。

2.　练习要点

（1）　熟记四字和多字词的编码规则。

（2）　熟练四字和多字词的输入法。

3.　练习步骤

STEP 1　　启动金山打字通 2013，打开其主窗口。

STEP 2 单击主窗口中【五笔打字】按钮，进入【五笔打字】模块（见图3-6）。

STEP 3 单击【词组练习】按钮，进入【词组练习】页面（见图5-1）。

STEP 4 【词组练习】页中默认的课程是"四字词组1"，用户可根据需要，在【课程选择】下拉列表（见图 5-2）中选择相应的四字词组课程，页面如图 5-5 所示（选择"四字词组 1"课程）。

图5-5 【词组练习】页面——"四字词组 1"课程

STEP 5 【词组练习】页中默认的五笔字型版本是 86 版五笔字型，单击练习页面右下角的 按钮，打开【设置】对话框（见图5-3）可进行相应设置。

在【词组练习】页面中，上排给出了字根，中间给出了编码提示，下排给出了字根分布图。练习时，需要打开五笔字型。

STEP 6 词组练习完成后，在【词组练习】练习页面中，单击 按钮，进入【词组练习】测试页面，进行字根测试，以检验自己的练习效果。

5.4 小结

本章介绍了词组的输入方法，主要包括以下几个方面。

● 二字词的编码规则。

● 三字词的编码规则。

● 四字词和多字词的编码规则。

本章的内容虽然不多，但却是文字输入全面提速的关键。学习好本章的内容，可以使文字输入速度产生质的飞跃，当然前提还是多做练习。

5.5 练习题

1. 写出下列二字词的编码。

期限	欺骗	魔幻	物资	五笔	创意	培训	教程	项目	角色
大使	地图	中国	其他	甚至	打印	复印	基调	鼠标	期望
光盘	键盘	桌子	著名	电脑	地区	区域	散文	富有	天下
粮食	聚会	会议	甘露	公园	欺诈	雅兴	皮革	动作	制作

2. 写出下列三字词的编码。

打印机	计算机	显示器	东南亚	基础课	电视机	复印机
办公室	医学院	蒸汽机	日记本	体育馆	基督教	工具书
荧光屏	巧克力	打字机	自行车	划时代	甚至于	

3. 写出下列四字词的编码。

刀光剑影	献计献策	勤工俭学	藏龙卧虎	任重道远	其貌不扬
一筹莫展	巧夺天工	天下大事	花天酒地	走马观花	熙熙攘攘

PART 6

第 6 章
五笔字型综合练习

前面几章系统地介绍了五笔字型输入法的使用方法，本章将进入最后的综合练习阶段。综合练习主要是锻炼读者对末笔交叉识别码的应用能力和快速输入文章的能力。

学习目标

- 快速输入各种难拆字。
- 快速输入各种综合性文章。
- 实现书本对照快速输入汉字。

重点和难点

- 快速输入各种难拆字。
- 快速输入各种综合性文章。

6.1　难拆字输入练习

对于初学者来说，末笔交叉识别码可以说是最难掌握的。虽说使用三级简码已经大大减少了识别码的输入，可是在输入文章时难免会遇到个别汉字需要输入识别码。只要遇到一个难拆的字往往就需要很长时间，这大大影响了文字的输入速度。要克服这个难点，没有捷径可走，最好的办法就是多做练习。

1.　练习要求

（1）　完成金山打字通 2013 提供的单字练习课程中的难拆字和易错字练习。

（2）　单字的输入速度应达到每分钟 80 字，错误率不超过 1%。

2.　练习要点

（1）　熟记单字的拆分规则和编码规则。

（2）　熟练掌握难拆字和易错字的输入方法。

3. 练习步骤

STEP 1 启动金山打字通 2013，打开其主窗口。

STEP 2 单击主窗口中的【五笔打字】按钮，进入【五笔打字】模块（见图 3-6）。

STEP 3 单击【单字练习】按钮，进入【单字练习】页面（见图 4-4）。

STEP 4 【单字练习】页面中默认的课程是"一级简码一区"，用户可根据需要，在【课程选择】下拉列表（见图 6-1）中选择相应难拆字和易错字的课程，页面如图 6-2 所示（选择"难拆字 1"课程）。

图6-1 【课程选择】下拉列表

图6-2 【单字练习】页面——"难拆字 1"课程

STEP 5 【单字练习】页面中默认的是 86 版五笔字型，单击练习页面右下角的 按钮，打开【设置】对话框（见图 4-6）可进行相应设置。

在【单字练习】页面中，上排给出了汉字，中间给出了编码提示，下排给出了字根分布图。练习时，需要打开五笔字型。

知识提示

在练习过程中，如遇到不会拆的汉字可看一下编码提示。

注意练习时别忘了使用简码输入，这样会节省不少时间。

STEP 6　单字练习完成后，在【单字练习】页面中，单击 按钮，进入【单字练习】测试页面，进行字根测试，以检验自己的练习效果。

> 建议初学者准备一个专门的小本子，把在练习过程中遇到的难记难拆分的字记下来，分析其拆分方法，并加以练习，以提高对汉字拆分的正确性和敏感性。

6.2　文章输入练习

文章输入练习是指包括常用字、难拆字、简码、词组及标点符号等全方位的文字输入训练。大量的文章输入练习，不但可以巩固前面所学的知识，还可以训练文字的综合输入能力，对提高文章的整体输入速度非常有帮助。在练习时，读者既可以使用金山打字通 2013 提供的练习课程，也可以自行添加练习内容。

1．练习要求

（1）　完成金山打字通 2013 提供的文章练习课程中的练习。

（2）　文字输入速度应达到每分钟 120 字，错误率不超过 1%。

2．练习要点

（1）　进一步熟悉五笔字型中单字、简码、词组的拆分规则和编码规则。

（2）　熟练掌握各种文章的输入。

3．练习步骤

STEP 1　启动金山打字通 2013，打开其主窗口。

STEP 2　单击主窗口中的【五笔打字】按钮，进入【五笔打字】模块（见图 3-6）。

STEP 3　单击【文章练习】按钮，进入【文章练习】页面，如图 6-3 所示。

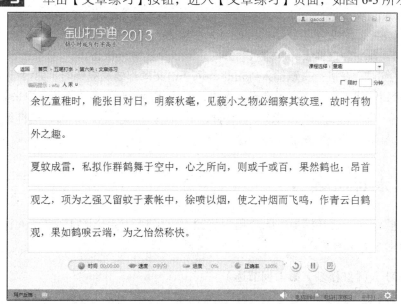

图6-3　【文章练习】页面

STEP 4 【文章练习】页面中默认的课程是"童趣"，用户可根据需要，在【课程选择】下拉列表（见图6-4）中选择相应的课程。

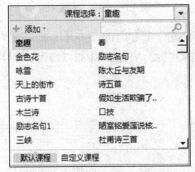

图6-4 【课程选择】下拉列表

STEP 5 【文章练习】页面中默认的是 86 版五笔字型，单击练习页面右下角的 ⚙ 按钮，打开【设置】对话框（见图4-6）可进行相应设置。

在【文章练习】页面中共有 5 栏，每栏上半部分是要输入的文章，下半部分是用户输入的文章，如果输入文字有错误，文字显示为红色。在第 1 栏的上方，给出了当前汉字的编码提示。

STEP 6 文章练习完成后，在【文章练习】页面中，单击 按钮，进入【文章练习】测试页面，进行文章输入测试，以检验自己的练习效果。

在练习文章输入时，不要只对着一两篇文章练习，一定要多选择一些文章。这里提供几点提高文字输入速度的技巧。

- 按词输入。在输入文章时一定要养成按词输入的好习惯，这样可以大大加快文字的输入速度。
- 及时造词。很多五笔输入软件都提供了手动造词的功能，而且操作起来非常简单（具体方法请参见第 7 章），在输入文章时遇到词库中没有的词语时，要及时使用造词功能手动造词。
- 以词定字。在记不全汉字的编码时，可输入一个包括该字的双字词组，然后再将不用的字删除。这样要比耽搁时间去回想该汉字的编码快得多。
- 反复练习。在进行文章输入练习时，每一篇文章都要反复练习。第 1 遍练习时肯定会遇到一些生字，速度一定不会太快，而第 2 遍就会好多了，然后再来第 3 遍、第 4 遍……直至达到练习要求。然后再换另一篇文章做同样的练习，这样练习的文章多了，打字速度自然就能提高了。

6.3 书本对照练习

书本对照练习主要是模拟实际应用中将图书、报刊、杂志中的文字录入计算机中的情况。下面给出 5 篇练习文章。

1. 练习1（《红楼梦》第1回节选）

第一回 甄士隐梦幻识通灵 贾雨村风尘怀闺秀

此开卷第一回也。作者自云：因曾历过一番梦幻之后，故将真事隐去，而借"通灵"之说，撰此《石头记》一书也。故曰"甄士隐"云云。但书中所记何事何人？自又云："今风尘碌碌，一事无成，忽念及当日所有之女子，一一细考较去，觉其行止见识，皆出于我之上。何我堂堂须眉，诚不若彼裙钗哉？实愧则有余，悔又无益之大无可如何之日也！当此，则自欲将已往所赖天恩祖德，锦衣纨绔之时，饫甘餍肥之日，背父兄教育之恩，负师友规谈之德，以至今日一技无成，半生潦倒之罪，编述一集，以告天下人：我之罪固不免，然闺阁中本自历历有人，万不可因我之不肖，自护己短，一并使其泯灭也。虽今日之茅椽蓬牖，瓦灶绳床，其晨夕风露，阶柳庭花，亦未有妨我之襟怀笔墨者。虽我未学，下笔无文，又何妨用假语村言，敷演出一段故事来，亦可使闺阁昭传，复可悦世之目，破人愁闷，不亦宜乎？故曰"贾雨村"云云。

此回中凡用"梦"用"幻"等字，是提醒阅者眼目，亦是此书立意本旨。

列位看官：你道此书从何而来？说起根由虽近荒唐，细按则深有趣味。待在下将此来历注明，方使阅者了然不惑。

原来女娲氏炼石补天之时，于大荒山无稽崖练成高经十二丈，方经二十四丈顽石三万六千五百零一块。娲皇氏只用了三万六千五百块，只单剩了一块未用，便弃在此山青埂峰下。谁知此石自经煅炼之后，灵性已通，因见众石俱得补天，独自己无材不堪入选，遂自怨自叹，日夜悲号惭愧。

一日，正当嗟悼之际，俄见一僧一道远远而来，生得骨骼不凡，丰神迥异，说说笑笑来至峰下，坐于石边高谈快论。先是说些云山雾海神仙玄幻之事，后便说到红尘中荣华富贵。此石听了，不觉打动凡心，也想要到人间去享一享这荣华富贵，但自恨粗蠢，不得已，便口吐人言，向那僧道说道："大师，弟子蠢物，不能见礼了。适闻二位谈那人世间荣耀繁华，心切慕之。弟子质虽粗蠢，性却稍通，况见二师仙形道体，定非凡品，必有补天济世之材，利物济人之德。如蒙发一点慈心，携带弟子得入红尘，在那富贵场中，温柔乡里受享几年，自当永佩洪恩，万劫不忘也。"二仙师听毕，齐憨笑道："善哉，善哉！那红尘中有却有些乐事，但不能永远依恃，况又有'美中不足，好事多魔'八个字紧相连属，瞬息间则又乐极悲生，人非物换，究竟是到头一梦，万境归空，倒不如不去的好。"这石凡心已炽，那里听得进这话去，乃复苦求再四。二仙知不可强制，乃叹道："此亦静极思动，无中生有之数也。既如此，我们便携你去受享受享，只是到不得意时，切莫后悔。"石道："自然，自然。"那僧又道："若说你性灵，却又如此质蠢，并更无奇贵之处。如此也只好踮脚而已。也罢，我如今大施佛法助你助，待劫终之日，复还本质，以了此案，你道好否？"石头听了，感谢不尽。那僧便念咒书符，大展幻术，将一块大石登时变成一块鲜明莹洁的美玉，且又缩成扇坠大小的可佩可拿。那僧托于掌上，笑道："形体倒也是个宝物了！还只没有，实在的好处，须得再镌上数字，使人一见便知是奇物方妙，然后携你到那昌明隆盛之邦，诗礼簪缨之族，花柳繁华地，温柔富贵乡去安身乐业。"石头听了，喜不能禁，乃问："不知赐了弟子那几件奇处，又不知携了弟子到何地方？望乞明示，使弟子不惑。"那僧笑道："你且莫问，日后自然明白的。"说着，便袖了这石，同那道人飘然而去，竟不知投奔何方何舍。

后来，又不知过了几世几劫，因有个空空道人访道求仙，忽从这大荒山无稽崖青埂峰下经过，忽见一大块石上字迹分明，编述历历。空空道人乃从头一看，原来就是无材补天，幻形入世，蒙茫茫大士，渺渺真人携入红尘，历尽离合悲欢炎凉世态的一段故事。后面又有一首偈云：

无材可去补苍天，枉入红尘若许年。

此系身前身后事，倩谁记去作奇传？诗后便是此石坠落之乡，投胎之处，亲自经历的一段陈迹故事。其中家庭闺阁琐事，以及闲情诗词倒还全备，或可适趣解闷，然朝代年纪，地舆邦国，却反失落无考。

空空道人遂向石头说道："石兄，你这一段故事，据你自己说有些趣味，故编写在此，意欲问世传奇。据我看来，第一件，无朝代年纪可考；第二件，并无大贤大忠理朝廷治风俗的善政，其中只不过几个异样女子，或情或痴，或小才微善，亦无班姑，蔡女之德能。我纵抄去，恐世人不爱看呢。"石头笑答道："我师何太痴耶！若云无朝代可考，今我师竟假借汉唐等年纪添缀，又有何难？但我想，历来野史，皆蹈一辙，莫如我这不借此套者，反倒新奇别致，不过只取其事体情理罢了，又何必拘拘于朝代年纪哉！再者，市井俗人喜看理治之书者甚少，爱适趣闲文者特多。历来野史，或讪谤君相，或贬人妻女，奸淫凶恶，不可胜数。更有一种风月笔墨，其淫秽污臭，屠毒笔墨，坏人子弟，又不可胜数。至若佳人才子等书，则又千部共出一套，且其中终不能不涉于淫滥，以致满纸潘安，子建，西子，文君，不过作者要写出自己的那两首情诗艳赋，故假拟出男女二人名姓，又必旁出一小人其间拨乱，亦如剧中之小丑然。且鬟婢开口即者也之乎，非文即理。故逐一看去，悉皆自相矛盾，大不近情理之话，竟不如我半世亲睹亲闻的这几个女子，虽不敢说强似前代书中所有之人，但事迹原委，亦可以消愁破闷，也有几首歪诗熟话，可以喷饭供酒。至若离合悲欢，兴衰际遇，则又追踪蹑迹，不敢稍加穿凿，徒为供人之目而反失其真传者。今之人，贫者日为衣食所累，富者又怀不足之心，纵然一时稍闲，又有贪淫恋色，好货寻愁之事，那里去有工夫看那理治之书？所以我这一段故事，也不愿世人称奇道妙，也不定要世人喜悦检读，只愿他们当那醉淫饱卧之时，或避世去愁之际，把此一玩，岂不省了些寿命筋力？就比那谋虚逐妄，却也省了口舌是非之害，腿脚奔忙之苦。再者，亦令世人换新眼目，不比那些胡牵乱扯，忽离忽遇，满纸才人淑女，子建文君红娘小玉等通共熟套之旧稿，我师意为何如？"

空空道人听如此说，思忖半晌，将《石头记》再检阅一遍，因见上面虽有些指奸责佞贬恶诛邪之语，亦非伤时骂世之旨，及至君仁臣良父慈子孝，凡轮常所关之处，皆是称功颂德，眷眷无穷，实非别书之可比。虽其中大旨谈情，亦不过实录其事，又非假拟妄称，一味淫邀艳约，私订偷盟之可比。因毫不干涉时世，方从头至尾抄录回来，问世传奇。从此空空道人因空见色，由色生情，传情入色，自色悟空，遂易名为情僧，改《石头记》为《情僧录》，东鲁孔梅溪则题曰《风月宝鉴》，后因曹雪芹于悼红轩中披阅十载，增删五次，纂成目录，分出章回，则题曰《金陵十二钗》。并题一绝云：

满纸荒唐言，一把辛酸泪！

都云作者痴，谁解其中味？

2. 练习2（《神雕侠侣》13回节选）

杨过道："今日争武林盟主，都是徒弟替师父打架，是也不是？"霍都道："不错，我们三场中胜了两场，因此我师父是盟主。"杨过道："好吧，就算你胜了他们，那又怎的？我师父的徒弟你可没打胜。"霍都问道："你师父的徒弟是谁？"杨过笑道："蠢才！我师父的徒弟，自然是我。"群雄听他说得有趣，都哈哈大笑起来。杨过笑道："咱们也来比三场，你们胜得两场，我才认老和尚作盟主。若是我胜得两场，对不起，这武林盟主只好由我师父来当了。"

众人听他说到此处，均想莫非他师父当真是大有来头的人物，要来和洪七公、金轮法王争武林盟主，不管他师父是谁，总是汉人，自胜于让蒙古国师抢了盟主去，这少年当然斗不过霍都，然而眼下已方然败定，只有另生枝节，方有转机，于是纷纷附和："对，对，除非你们蒙古人再胜得两场。""这位小哥说得甚是。""中原高手甚多，你们侥幸占了两场便宜，有甚稀罕？"

霍都寻思："对方最强的两个高手都已败了，再来两个又有何惧？就怕他们使车轮战法，打败两个又来两个。"对杨过道："尊师要争这盟主之位，原也在理，只是天下英雄何止千万，比了一场又是一场，却比到何年何月方了？"

杨过头一昂，说道："旁人来做盟主，我师父也不愿理会，但她瞧着你师父心里就有气。"霍都道："尊师是谁？他老人家可在此处？"杨过笑道："他老人家就在你眼前。喂，姑姑，他问你老人家好呢。"小龙女"嗯"的一声，向霍都点了点头。

群雄先是一怔，随即哈哈大笑。眼见小龙女容貌俏丽，年纪尚较杨过幼小，怎能是他师父？显是这少年有意取笑、捉弄霍都了。只有郝大通、赵志敬、尹志平等几人才知他所言是实。黄蓉虽然智慧过人，却也决计不信小龙女这样一个娇弱幼女会是他的师父。

霍都大怒，喝道："小顽童胡说八道！今日群雄聚会，有多少大事要干，哪容得你在此胡闹？快给我滚开。"

杨过："你师父又黑又丑，说话叽里咕噜，难听无比。你瞧我师父多美，多么清雅秀丽，请她做武林盟主，岂不是比你这个丑和尚师父强得多吗？"小龙女听杨过称赞自己美貌，心中喜欢，嫣然一笑，真如异花初胎，美玉生晕，明艳无伦。

群雄见杨过捉弄敌人越来越是大胆，都感痛快，有些老成之人则暗暗为他担心，生怕霍都忽下杀手，势必送了他性命。

果然闹到此时，霍都再也忍耐不住，叫道："天下英雄请了，小王杀此顽童，那是他自取其咎，须怪不得小王。"摺扇一挥，就要往杨过头顶击去。

杨过模仿他说话神气，挺胸凸肚，叫道："天下英雄请了，小顽童杀此王子，那是他自取其咎，须怪不得小顽童！"群雄轰笑声中，他突然横过桨柄，往霍都臀上挥去。

霍都侧身让过，摺扇斜点，左掌如风，直击对方脑门。扇点是虚，掌击却实，这一掌使上了十成力，存心要一掌将他打得脑浆迸裂。杨过闪身斜走，顺手将一张方桌推出，格的一响，霍都这掌击在桌上，登时木屑横飞，方桌塌了半边。群雄见他掌力惊人，不禁咋舌。霍都随即飞脚踢开桌子，跟着进击。杨过见他出掌狠辣，再也不敢轻忽，舞动桨柄，就使打狗棒法和他斗了起来。那打狗棒法的招数洪七公曾全部传授，当日杨过在华山绝顶向欧阳锋试演数日，招数中最奥妙曲折之处也都已演过，口诀和变化又曾听黄蓉传于鲁有脚，这时将两者一加凑合，居然使得头头是道。只是桨柄太过沉重，又短了半截，运用之际甚不方便，拆了十余招，已被霍都扇中夹掌，困在一隅。

黄蓉见他所使的果真都是打狗棒法，虽然招数生涩，未尽妙用，出手姿式却似模似样，知他兵刃不顺手，当即走到厅中，伸棒在二人之间一隔，说道："过儿，打狗须用打狗棒。鲁帮主这棒儿借给你吧，打完恶狗，立即归还。"打狗棒是丐帮帮主的信物，是以须得言明借用。杨过大喜，接过竹棒。黄蓉在他耳边低声道："逼他交出解药。"说罢便即跃回。杨过没留神适才朱子柳身中暗器的情状，不知解药何指，微微一怔，霍都已挥掌劈到。

3. 练习3（"爱因斯坦生平"摘自《爱因斯坦传》）

爱因斯坦是当代最伟大的物理学家。他热爱物理学，把毕生献给了物理学的理论研究。

人们称他为 20 世纪的哥白尼、20 世纪的牛顿。

爱因斯坦生长在物理学急剧变革的时期，通过以他为代表的一代物理学家的努力，物理学的发展进入了一个新的历史时期。由伽利略和牛顿建立的古典物理学理论体系，经历了将近 200 年的发展，到 19 世纪中叶，由于能量守恒和转化定律的发现，热力学和统计物理学的建立，特别是由于法拉第和麦克斯韦在电磁学上的发现，取得了辉煌的成就。这些成就，使得当时不少物理学家认为，物理学领域中原则性的理论问题都已经解决了，留给后人的，只是在细节方面的补充和发展。可是，历史的进程恰恰相反，接踵而来的却是一系列古典物理学无法解释的新现象：以太漂移实验、元素的放射性、电子运动、黑体辐射、光电效应等等。在这个新形势面前，物理学家一般企图以在旧理论框架内部进行修补的办法来解决矛盾，但是，年轻的爱因斯坦则不为旧传统所束缚，在洛伦兹等人研究工作的基础上，对空间和时间这样一些基本概念作了本质上的变革。这一理论上的根本性突破，开辟了物理学的新纪元。

爱因斯坦一生中最重要的贡献是相对论。1905 年他发表了题为《论动体的电动力学》的论文，提出了狭义相对性原理和光速不变原理，建立了狭义相对论。这一理论把牛顿力学作为低速运动理论的特殊情形包括在内。它揭示了作为物质存在形式的空间和时间在本质上的统一性，深刻揭露了力学运动和电磁运动在运动学上的统一性，而且还进一步揭示了物质和运动的统一性（质量和能量的相当性），发展了物质和运动不可分割原理，并且为原子能的利用奠定了理论基础。随后，经过多年的艰苦努力，1915 年他又建立了广义相对论，进一步揭示了四维空时同物质的统一关系，指出空时不可能离开物质而独立存在，空间的结构和性质取决于物质的分布，它并不是平坦的欧几里得空间，而是弯曲的黎曼空间。根据广义相对论的引力论，他推断光在引力场中不沿着直线而会沿着曲线传播。这一理论预见，在 1919 年由英国天文学家在日蚀观察中得到证实，当时全世界都为之轰动。1938 年，他在广义相对论的运动问题上取得重大进展，即从场方程推导出物体运动方程，由此更深一步地揭示了空时、物质、运动和引力之间的统一性。广义相对论和引力论的研究，60 年代以来，由于实验技术和天文学的巨大发展受到重视。

另外，爱因斯坦对宇宙学、用引力和电磁的统一场论、量子论的研究都为物理学的发展作出了贡献。

爱因斯坦不仅是一个伟大的科学家，一个富有哲学探索精神的杰出的思想家，同时又是一个有高度社会责任感的正直的人。他先后生活在西方政治漩涡中心的德国和美国，经历过两次世界大战。他深刻体会到一个科学工作者的劳动成果对社会会产生怎样的影响，一个知识分子要对社会负怎样的责任。

爱因斯坦一心希望科学造福于人类，但他却目睹了科学技术在两次世界大战中所造成的巨大破坏，因此，他认为战争与和平的问题是当代的首要问题，他一生中发表得最多的也是这方面的言论。他对政治问题第一次公开表态，就是 1914 年签署的一个反对第一次世界大战的声明。他对政治问题的最后一次发言，即 1955 年 4 月签署的"罗素—爱因斯坦宣言"，也仍然是呼吁人们团结起来，防止新的世界大战的爆发。

在 20 世纪思想家的画廊中，爱因斯坦就是公正、善良、真理的化身。他的品格与天地日月相争辉，他的科学贡献，人类将万世景仰。

本书不仅以翔实的史实勾勒出爱因斯坦伟大的一生，而且也从人类文化的源头上探寻着爱因斯坦思想、人格的精神底蕴。在书中，玄奥的物理学理论、传奇般的故事，在读者理喻

20 世纪历史文化进程的视野中，或许会形成一个既有深度、又有趣味的立体画面。同时，我们将在历史氛围中去理解爱因斯坦，也将在现实情境中去悄然接受爱因斯坦的精神感召。

爱因斯坦曾以理性之剑为当代物理学辟出一条新路，也曾以理性之剑挥斩人间的妖魔鬼怪，而今天，这把理性之剑在哪里？我们是否该去寻找这理性之剑？

这是爱因斯坦留下的一个硕大问号。每一个走向 21 世纪的人都该在这个问号面前沉思默想，都应该接过爱因斯坦的理性之剑，为和谐、公正的 21 世纪而努力。

4. 练习 4（"论嫉妒"摘自《培根随笔》）

在人类的各种情欲中，有两种最为惑人心智，这就是爱情与嫉妒。这两种感情都能激发出强烈的欲望，创造出虚幻的意象，并且足以蛊惑人的心灵——如果真有巫蛊这种事的话。

所以，我们知道在《圣经》中把"嫉妒"叫做一种"凶眼"，而占星术士则把它称做一颗"灾星"。这就是说，嫉妒能把凶险和灾难投射到它的眼光所注目的地方。不仅如上，还有人认为，嫉妒之毒眼伤人最狠之时，正是那被嫉妒之人最为春风得意之时。这一方面是由于这种情况促使嫉妒之心更加锐利；另一方面是由于在这种情况下，被嫉妒者最容易受到打击。

让我们来分析一下哪些人容易嫉妒，哪些人容易招来嫉妒，以及哪种嫉妒必于公妒，公妒与私妒有何不同。

无德者必会嫉妒有道德的人。因为人的心灵如若不能从自身的优点中取得养料，就必定要找别人的缺点作为养料。而嫉妒者往往是自己既没有优点，又看不到别人的优点的，因此他只能用败坏别人幸福的办法来安慰自己。当一个人自身缺乏某种美德的时候，他就一定贬低别人的这种美德，以求实现两者的平衡。

嫉妒者必须是好打听闲话的。他们之所以特别关心别人，并非因为事情与他们的切身利害有关，而是为了通过发现别人的不愉快，来使自己得到一种赏心悦目的愉快。

其实每一个埋头深入自己事业的人，是没有功夫去嫉妒别人的。因为嫉妒是一种四处游荡的情欲，能享有他的只能是闲人。所以古语说："多管别人闲事必定没安好心。"

一个后起之秀是招人嫉妒的，尤其要受那些贵族元老的嫉妒，因为他们之间的距离改变了。别人的上升足以造成一种错觉，使人觉得自己仿佛被降低了。

有某种难以克服的缺陷的人——如残疾人、宦官、老年人或私生子，是容易嫉妒别人的。由于自己的缺陷无法补偿，因此需要损伤别人来求得补偿。只有当这种缺陷是落在一个具有伟大品格的人身上时才不会如此。那种品格能够让一种缺陷转化为光荣。负着残疾的耻辱，去完成一件大事业，使人们更加为之惊叹。像历史上的纳西斯、阿盖西劳斯和铁木尔就曾如此①。

经历过巨大的灾祸和磨难的人，也容易产生嫉妒。因为这种人乐于把别人的失败，看作对自己过去所历痛苦的抵偿。

虚荣心甚强的人，假如他看到别人在一件事业中总是强过于他，他也会为此产生嫉妒的。所以自己很喜爱艺术的阿提安皇帝②，就非常嫉妒诗人、画家和艺术家，因为他们虽然在这些方面超过了他。

最后，在同事之间当有人被提升的时候，也容易引起嫉妒。因为如果别人由于某种优越表现而得到提升，就等于映衬出了其他人在这些方面的无能，从而刺伤了他们。同时，彼此越了解，这种嫉妒心将越强。人可以允许一个陌生人的发迹，却不能原谅一个身边人的上升。所以该隐只是由于嫉妒就杀死了他的亲兄弟亚伯③。

我们再来讨论一下哪些人能够避免嫉妒。

我们已懂得，嫉妒总是来自以自我与别人的比较，如果没有比较就没有嫉妒。所以皇帝通常是不被人嫉妒的，除非对方也是皇帝。一个有崇高美德的人，他的美德愈多，别人对他的嫉妒将愈少。因为他们的幸福来自他们的苦功。它是应得的。

所以出身于微贱的人一旦升腾必会受人嫉妒。直到人们习惯了他的这种新地位为止。而富家的一个公子也将招人嫉妒。因为他并没有付出血汗，却能坐享其成。

反之，世袭贵胄的称号却不容易被嫉妒。因为他们优越的谱系已被世人所承认。同样，一个循序渐进地高升的人，也不会招来嫉妒。因为这种人的提升被看作是自然的。

那种在饱经艰难之后才获得的幸福是不太招人嫉妒的。因为人们看到这种幸福是如此地来之不易，以至甚至产生了同情——而同情心总是医治嫉妒的一味良药。所以老谋深算的政治家，当他们处于高高在上的地位时，总是在向人诉苦，吟唱着一首"正在活受罪"的咏叹调。其实他们未必真的如此受苦，这只是钝化别人嫉妒锋芒的一种策略。

但是，只有当这种人的负担不是自己招揽上身时，这种诉苦才会真被人同情。否则，没有比一个出于往上爬的野心，而四外招揽事做的人更招人嫉妒的了。

此外，对于一个大人物来说，如果他能利用自己的优越地位，来保护他的下属们的利益，那么这也等于是筑起了一座防止嫉妒的有效堤防。

应当注意的是，那种骄傲自大的人物是最易招来嫉妒的。这种人总想在一切方面来显示自己的优越：或者大肆铺张地炫耀，或者力图压倒一切竞争者。其实真正的聪明人倒宁可给人类的嫉妒心留下点余地，有意让别人在无关紧要的事情占占自己的上风。

然而另一方面也要看到，对于享有某种优越地位的人来说，与其狡诈地掩饰，莫如坦率诚恳地放开（只是千万不要表现出骄矜与浮夸），这样招来的嫉妒会小一些；因为对于前一种人，似乎更显示出他是没有价值因而不配享受那种幸福的，他们的作假简直就是在教唆别人来嫉妒自己了。

让我们归纳一下已经说过的吧。我们在开始时说过，嫉妒有点接近于巫术，是蛊惑人心的。那么要防止嫉妒，也就不妨采用点巫术，就是把那容易招来嫉妒的妖气转嫁到别人身上。正是由于懂得这一点，所以有许多明智的大人物，凡有抛头露面出风头的事情，都推出别人作为替身去登台表演，而自己则宁愿躲在幕后。这样一来，群众的嫉妒就落在别人身上了。事实上，愿意分演这种替人出风头角色的傻瓜天生是不会少的。

我们再来谈谈什么是公妒。

公众的嫉妒比个人的嫉妒多少有点价值。公妒对于大人物，正如古典希腊时代的流放惩罚一样，是强迫他们收敛与节制一种办法。

所谓"公妒"，其实也是一种公愤。对于一个国家是具有严重危险性的一种疾病。人民一旦对他们的执政者产生了这种公愤，那么就连最好的政策也将被视为恶臭，受到唾弃。所以丧失了民心的统治者即使在办好事，也不会得到群众的拥护。因为人民将把这更看作是一种怯懦，一种对公愤的畏惧——其结果是，你越怕它，它就越要找上门来。

这种公妒或公愤，有时只是针对某位执政才个人，而不是针对一种政治体制的。但是请记住这样一条定律：如果这种民众的公愤已扩展到几乎所有的大臣身上，那么这个国家体制就必定将面临倾覆了。

最后再做一点总结吧。在人类的一切情欲中，嫉妒之情恐怕要算作最顽强，最持久的人。所以古人曾说过："嫉妒是不懂休息的。"同时还有人观察过，与其他感情相比，只有爱情与嫉妒是最能令人消瘦的。这是因为没有什么能比爱与妒更具有持久的消耗力。但嫉妒毕竟是一种卑劣下贱的情欲，因此它乃是一种属于恶魔的素质。《圣经》曾告诉我们，魔鬼所以要趁着黑夜到麦地里去种上稗子，就是类为他嫉妒别伯丰收呵！的确，犹如毁掉麦子一样，嫉妒这恶魔总是在暗地里，悄悄地去毁掉人间的好东西的！

5. 练习5（《项链》——[法] 莫泊桑）

[法国] 莫泊桑（1850—1893）

一

世上有这样一些女子，面庞儿好，丰韵也好，但被造化安排错了，生长在一个小职员的家庭里。她便是其中的一个。她没有陪嫁财产，没有可以指望得到的遗产，没有任何方法可以使一个有钱有地位的男子来结识她，了解她，爱她，娶她；她只好任人把她嫁给了教育部的一个小科员。

她没钱打扮，因此很朴素；但是心里非常痛苦，犹如贵族下嫁的情形；这是因为女子原就没有什么一定的阶层或种族，她们的美丽、她们的娇艳、她们的丰韵就可以作为她们的出身和门第。她们中间所以有等级之分仅仅是靠了她们天生的聪明、审美的本能和脑筋的灵活，这些东西就可以使百姓家的姑娘和最高贵的命妇并驾齐驱。

她总觉得自己生来是为享受各种讲究豪华生活的，因而无休止地感到痛苦。住室是那样简陋，壁上毫无装饰，椅凳是那么破旧，衣衫是那么丑陋，她看了都非常痛苦。这些情形，如果不是她而是她那个阶层的另一个妇人的话，可能连理会都没有理会到，但给她的痛苦却很大并且使她气愤填胸。她看了那个替她料理家务的布列塔尼省的小女人，心中便会产生许多忧郁的感慨和想入非非的幻想。她会想到四壁蒙着东方绸、青铜高脚灯照着、静悄悄的接待室；她会想到接待室里两个穿短裤长袜的高大男仆如何被暖气管闷人的热度催起了睡意，在宽大的靠背椅里昏然睡去。她会想到四壁蒙着古老丝绸的大客厅，上面陈设着珍贵古玩的精致家具和那些精致小巧、香气扑鼻的内客厅，那是专为午后五点钟跟最亲密的男友娓娓清谈的地方，那些朋友当然都是所有的妇人垂涎不已、渴盼青睐、多方拉拢的知名之士。

每逢她坐到那张三天未洗桌布的圆桌旁去吃饭，对面坐着的丈夫揭开盆盖，心满意足地表示："啊！多么好吃的炖肉！世上哪有比这更好的东西……"的时候，她便想到那些精美的筵席、发亮的银餐具和挂在四壁的壁毯，上面织着古代人物和仙境森林中的异鸟珍禽；她也想到那些盛在名贵盘碟里的佳肴；她也想到一边吃着粉红色的鲈鱼肉或松鸡的翅膀，一边带着莫测高深的微笑听着男友低诉绵绵情话的情境。

她没有漂亮的衣衫，没有珠宝首饰，总之什么也没有。而她呢，爱的却偏偏就是这些；她觉得自己生来就是为享受这些东西的。她最希望的是能够讨男子们的喜欢，惹女人们的欣羡，风流动人，到处受欢迎。

她有一个有钱的女友，那是学校读书时的同学，现在呢，她再也不愿去看望她了，因为每次回来她总感到非常痛苦。她会伤心、懊悔、绝望、痛苦得哭好几天。

二

可是有一天晚上，她的丈夫回家的时候手里拿着一个大信封，满脸得意之色。"拿去吧！"他说，"这是专为你预备的一样东西。"

她赶忙拆开了信封，从里面抽出一张请帖，上边印着：兹订于一月十八日（星期一）在本部大厦举行晚会，敬请准时莅临，此致罗瓦赛尔先生夫人、教育部部长乔治·朗蓬诺暨夫人谨订。她并没有像她丈夫所希望的那样欢天喜地，反而赌气把请帖往桌上一丢，咕哝着说：

"我要这个干什么？你替我想想。"

"可是，我的亲爱的，我原以为你会很高兴的。你从来也不出门做客，这可是一个机会，并且是一个千载难逢的机会！我好不容易才弄到这张请帖。大家都想要，很难得到，一般是不大肯给小职员的。在那儿你可以看见所有那些官方人士。"

她眼中冒着怒火瞪着他，最后不耐烦地说：

"你可叫我穿什么到那儿去呢？"

这个，他却从未想到；他于是吞吞吐吐地说：

"你上戏园穿的那件衣服呢？照我看，那件好像就很不错……"

他说不下去了，他看见妻子已经在哭了，他又是惊奇又是慌张。两大滴眼泪从他妻子的眼角慢慢地向嘴角流下来；他结结巴巴地问：

"你怎么啦？你怎么啦？"

她使了一个狠劲儿把苦痛压了下去，然后一面擦着眼泪沾湿的两颊，一面用一种平静的语调说：

"什么事也没有。不过我既没有衣饰，当然不能去赴会。有哪位同事的太太能比我有更好的衣衫，你就把请帖送给他吧。"

他感到很窘，于是说道：

"玛蒂尔德，咱们来商量一下。一套过得去的衣服，一套在别的机会还可以穿的、十分简单的衣服得用多少钱？"

她想了几秒钟，心里盘算了一下钱数，同时也考虑到提出怎样一个数目才不致当场遭到这个俭朴的科员的拒绝，也不致把他吓得叫出来。

她终于吞吞吐吐地说了：

"我也说不上到底要多少钱；不过有四百法郎，大概也就可以办下来了。"他脸色有点发白，因为他正巧积攒下这样一笔款子打算买一支枪，夏天好和几个朋友一道打猎作乐，星期日到南泰尔平原去打云雀。

不过他还是这样说了：

"好吧。我就给你四百法郎。可是你得好好想法子做件漂漂亮亮的衣服。"

<h2 style="text-align:center">三</h2>

晚会的日子快到了，罗瓦赛尔太太却好像很伤心，很不安，很忧虑。她的衣服可是已经齐备了。有一天晚上她的丈夫问她：

"你怎么啦？三天以来你的脾气一直是这么古怪。"

"我心烦，我既没有首饰，也没有珠宝，身上任什么也戴不出来，实在是太寒伧了。我简直不想参加这次晚会了。"

他说：

"你可以戴几朵鲜花呀。在这个季节里，这是很漂亮的。花上十个法郎，你就可以有两三朵十分好看的玫瑰花。"

这个办法一点也没有把她说服。

"不行……在那些阔太太中间，显出一副穷酸相，再没有比这更丢脸的了。"她的丈夫突然喊了起来：

"你可真算是糊涂！为什么不去找你的朋友福雷斯蒂埃太太，跟她借几样首饰呢？拿你跟她的交情来说，是可以开口的。"

她高兴地叫了起来：

"这倒是真的。我竟一点儿也没想到。"

第二天她就到她朋友家里，把自己的苦恼讲给她听。

福雷斯蒂埃太太立刻走到她的带镜子的大立柜跟前，取出一个大首饰箱，拿过来打开之后，便对罗瓦赛尔太太说：

"挑吧！亲爱的。"

她首先看见的是几只手镯，再便是一串珍珠项链，一个威尼斯制的镶嵌珠宝的金十字架，做工极其精细。她戴了这些首饰对着镜子左试右试，犹豫不定，舍不得摘下来还给主人。她嘴里还老是问：

"你再没有别的了？"

"有啊。你自己找吧。我不知道你都喜欢什么？"

她突然在一个黑缎子的盒里发现一串非常美丽的钻石项链；一种过分强烈的欲望使她的心都跳了。她拿起它的时候手也直哆嗦。她把它戴在颈子上，衣服在外面，对着镜中的自己看得出了神。

然后她心里十分焦急，犹豫不决地问道：

"你可以把这个借给我吗？我只借这一样。"

"当然可以啊。"她一把搂住了她朋友的脖子，亲亲热热地吻了她一下，带着宝贝很快就跑了。

四

晚会的日子到了。罗瓦赛尔太太非常成功。她比所有的女人都美丽，又漂亮又妩媚，脸上总带着微笑，快活得几乎发狂。所有的男子都盯着她，打听她的姓名，求人给介绍。部长办公室的人员全都要跟她合舞。她还引起了部长的注意。

她已经陶醉在欢乐之中，什么也不想，只是兴奋的、发狂地跳舞。她的美丽战胜了一切，她的成功充满了光辉，所有这些人都对自己殷勤献媚、阿谀赞扬、垂涎欲滴；妇人心中认为最甜美的胜利已完完全全握在手中，她便在这一片幸福的云中舞着。

她在早晨四点钟才离开。她的丈夫从十二点起就在一间没有人的小客厅里睡着了。客厅里还躺着另外三位先生，他们的太太也正在尽情欢乐。

他怕她出门受寒，把带来的衣服披在她的肩上，那是平日穿的家常衣服，那一种寒伦气和漂亮的舞装是非常不相称的。她马上感觉到这一点，为了不叫旁边的那些裹在豪华皮衣里的太太们注意，她就急着想要跑出大门。

罗瓦赛尔还拉住她不让走：

"你等一等啊。到外面你要着凉的。我去叫一辆马车吧。"

不过她并不听他这套话，很快地走下了楼梯。等他们到了街上，那里并没有出租马车；他们于是就找起来，远远看见马车走过，他们就追着向车夫大声喊叫。

他们向塞纳河一直走下去，浑身哆嗦，非常失望。最后在河边找到了一辆夜里做生意的旧马车，这种马车在巴黎只有在天黑了以后才看得见，它们是那么寒伧，白天出来好像会害羞似的。

这辆车一直把他们送到殉道者街，他们的家门口，他们凄凄凉凉地爬上楼回到自己家里。在她说来，一切已经结束。他呢，他想到的是十点钟就该到部里去办公。

她褪下了披在肩上的衣服，那是对着大镜子褪的，为的是再一次看看笼罩在光荣中的自己。但是她突然大叫一声。原来颈子上的项链不见了。

她的丈夫这时衣裳已经脱了一半，便问道：

"你怎么啦？"

她已经吓得发了慌，转身对丈夫说：

"我……我……我把福雷斯蒂埃太太的项链丢了。"

他惊惶失措地站起来：

"什么！……怎么！……这不可能！"

他们于是在裙子的褶层里，大擎的褶层里，衣袋里到处都搜寻一遍。哪儿也找不到。

他问：

"你确实记得在离开舞会的时候；还戴着吗？"

"是啊，在部里的前厅里我还摸过它呢。"

"不过如果是在街上失落的话，掉下来的时候，我们总该听见响声啊。

大概是掉在车里了。"

"对，这很可能。你记下车子的号码了吗？"

"没有。你呢，你也没有注意号码？"

"没有。"

五

他们你看我，我看你，十分狼狈地看着。最后罗瓦赛尔重新穿好了衣服，他说：

"我先把我们刚才步行的那一段路再走一遍，看看是不是能够找着。"

说完他就走。她呢，连上床去睡的气力都没有了，就这么穿着赴晚会的新装倒在一张椅子上，既不生火也不想什么。

七点钟丈夫回来了。他什么也没找到。

他随即又到警察厅和各报馆，请他们代为悬赏寻找，他又到出租小马车的各车行，总之凡是有一点希望的地方他都去了。

她呢，整天地等候着；面对这个可怕的灾难她一直处在又惊又怕的状态罗瓦赛尔傍晚才回来，脸也瘦削了，发青了；什么结果也没有。他说：

"只好给你那朋友写封信，告诉她你把链子的搭扣弄断了，现在正找人修理。这样我们就可以有应付的时间。"

他说她写，把信写了出来。

过了一星期，他们已是任何希望都没有了。

罗瓦赛尔一下子老了五岁，他说：

"只好想法买一串赔她了。"

第二天，他们拿了装项链的盒子，按照盒里面印着的字号，到了那家珠宝店。珠宝商查了查帐说：

"太太，这串项链不是在我这儿买的，只有盒子是在我这儿配的。"

他们于是一家一家地跑起珠宝店来，凭着记忆要找一串和那串一式无二的项链；两个人连愁带急眼看要病倒了。

在王宫附近一家店里他们找到了一串钻石的项链，看来跟他们寻找的完全一样。这件首饰原值四万法郎，但如果他们要的话，店里可以减价，三万六就可成交。

他们要求店主三天之内先不要卖它。他们并且谈妥条件，如果在二月底以前找着了那个原物，这一串项链便以三万四千法郎作价由店主收回。

罗瓦赛尔手边有他父亲遗留给他的一万八千法郎。其余的便须借了。

他于是借起钱来，跟这个人借一千法郎，跟那个人借五百，这儿借五个路易，那儿借三个。他签了不少惜约，应承了不少足以败家的条件，而且和高利贷者以及种种放债图利的人打交道。他葬送了他整个下半辈子的生活，不管能否偿还，他就冒险乱签借据。他既害怕未来的忧患，又怕即将压在身上的极端贫困，也怕各种物质缺乏和各种精神痛苦的远景；他就这样满怀着恐惧，把三万六千法郎放到那个商人的柜台上，取来了那串新的项链。

六

等罗瓦赛尔太太把首饰给福雷斯蒂埃太太送回去时，这位太太神气很不痛快地对她说：

"你应该早点儿还我呀，因为我也许要戴呢。"

她并没有打开盒子来看，她的朋友担心害怕的就是她当面打开。因为如果她发现了掉包，她会怎么想呢？会怎么说呢？难道不会把她当作窃盗吗？

罗瓦赛尔太太尝到了穷人的那种可怕生活。好在她早已一下子英勇地拿定了主意。这笔骇人听闻的债务是必须清偿的。因此，她一定要把它还清。

他们辞退了女仆，搬了家，租了一间紧挨屋顶的顶楼。

家庭里的笨重活，厨房里的腻人的工作，她都尝到了个中的滋味。碗碟锅盆都得自己洗刷，在油腻的盆上和锅子底儿上她磨坏了她那玫瑰色的手指甲。脏衣服、衬衫、抹布也都得自己洗了晾在一根绳上。每天早上她必须把垃圾搬到街上，并且把水提到楼上，每上一层楼都要停一停喘喘气。她穿得和平常老百姓的女人一样，手里挎着篮子上水果店，上杂货店，上猪肉店，对价钱是百般争论，一个铜子一个铜子地保护她那一点可怜的钱，这就难免挨骂。

每月都要还几笔债，有一些则要续期，延长偿还的期限。

丈夫傍晚的时候替一个商人去誊写帐目；夜里常常替别人抄写，抄一页挣五个铜子。

这样的生活过了十年。

十年之后，他们把债务全部还清，确是全部还清了，不但高利贷的利息，就是利滚利的利息也还清了。

罗瓦赛尔太太现在看上去是老了。她变成了穷苦家庭里的敢做敢当的妇人，又坚强，又粗暴。头发从不梳光，裙子歪系着，两手通红，高嗓门说话，大盆水洗地板。不过有几次当她丈夫还在办公室办公的时候，她一坐到窗前，总还不免想起当年那一次晚会，在那次舞会上她曾经是那么美丽，那么受人欢迎。如果她没有丢失那串项链，今天又该是什么样子？谁知道？谁知道？生活够多么古怪！多么变化莫测！只需微不足道的一点小事就能把你断送或者把你拯救出来！

且说有一个星期天，她上大街去散步，劳累了一星期，她要消遣一下。

正在此时，她忽然看见一个妇人带着孩子在散步。这个妇人原来就是福雷斯蒂埃太太，还是那么年轻，那么美丽，那么动人。

罗瓦赛尔太太感到非常激动。去跟她说话吗？当然要去。既然债务都已经还清了，她可以把一切都告诉她。为什么不可以呢？

她于是走了过去。

"您好，让娜。"

对方一点也认不出她来了，被这个民间女人这样亲密地一叫觉得很诧异，便吞吞吐吐他说：

"可是……太太！……我不知道……您大概认错人了吧。"

"没有。我是玛蒂尔德·罗瓦赛尔。"

她的朋友喊了起来：

"哎哟！……是我的可怜的玛蒂尔德吗？你可变了样儿啦！……"

"是的，自从那一次跟你见面之后，我过的日子可艰难啦，不知遇见多少危急穷困……而这一切都是因为你！……"

"因为我……那是怎么回事啊？"

"你还记得你借给我赴部里晚会去的那串钻石项链吧。"

"是啊。那又怎样呢？"

"那又怎样！我把它丢了。"

"那怎么会呢！你不是给我送回来了吗？"

"我给你送回的是跟原物一式无二的另外一串。这笔钱我们整整还了十年。你知道，对我们说来这可不是容易的事，我们是任什么也没有的……现在总算还完了，我太高兴了。"

福雷斯蒂埃太太站住不走了。

"你刚才说，你曾买了一串钻石项链赔我那一串吗？"

"是的。你没有发觉这一点吧，是不是？两串原是完全一样的。"

说完她脸上显出了微笑，因为她感到一种足以自豪的、天真的快乐。

福雷斯蒂埃太太非常激动，抓住了她的两只手。

"哎哟！我的可怜的玛蒂尔德！我那串是假的呀。顶多也就值上五百法郎！

6.4　小结

在前面的章节中，曾经反复强调多练习是学好五笔字型输入法的根本，因此，特别进行本章的综合练习，目的就是帮助读者巩固前面所学的知识，进一步提高文字的综合输入能力。

读者若要检测文字输入速度，可在练习后进行综合测试。如果达到了测试的要求，表示已经具有打字专业水平，这对读者也是一种肯定，可以鼓励读者继续提高。如果达不到测试要求，也可以产生一种激励作用，促使读者继续努力，最终达到专业水平。

PART 7

第7章
五笔加加 Plus

　　五笔字型输入法是当今的主流输入法之一。许多公司都针对五笔字型编码方案开发了专用的输入法软件，并为五笔字型编码方案提供了操作平台及一些辅助功能，如手动造词、编码查询、词库管理等。在众多的五笔输入法软件中选择一款既简单易用又功能强大的软件，并能够熟练使用，可以进一步提高汉字打字速度。本章将向读者介绍一款目前比较流行的五笔输入法软件——五笔加加 Plus。

学习目标

- 了解五笔加加 Plus 的各种功能。
- 掌握设置五笔加加 Plus 属性的方法。
- 熟练掌握五笔加加 Plus 的实时造词功能。
- 熟练掌握五笔加加 Plus 的 Z 键提示功能。
- 熟练掌握五笔加加 Plus 的特殊符号输入功能。
- 掌握使用五笔加加 Plus 自定义编码工具的方法。
- 掌握使用五笔加加 Plus 词库管理工具的方法。

重点和难点

- 掌握设置五笔加加 Plus 属性的方法。
- 熟练掌握五笔加加的实时造词功能。
- 熟练掌握五笔加加的 Z 键提示功能。
- 熟练掌握五笔加加的特殊符号输入功能。

7.1　五笔加加 Plus 的特点

　　五笔加加是由北京六合源软件技术有限公司开发的一款以五笔输入为主的共享输入法软件，其突出特点是具有极佳的兼容性和稳定性、易用性好、简洁而小巧，因而受到广大用户的喜爱。

五笔加加的最早版本是"五笔加加 1.0 试用版"，但该软件的原开发者没有继续开发新的版本。后来又有人针对五笔加加 1.0 试用版的一些错误和不足之处进行了修正和改进，为与原版相区别，将改进版命名为"五笔加加 Plus"，目前的版本号为 2.82。

> **知识提示** 五笔加加 Plus 的最新版本为 2.82，但该版本与之前版本比较变化不是太大，而且目前还没有正式版发布，因此本书范例使用的是比较稳定的 2.5 版。

五笔加加 Plus 有如下特点。

1. 编码提示

当用户记不全某汉字的编码时，可只输入其一到两个编码，系统会自动在提示窗中出现该字的完整编码。

2. Z 键提示

五笔加加的 Z 键提示使用的是拼音辅助法。例如，当用户不知道"编"字的五笔编码时，可先敲击 Z 键，进入拼音辅助输入状态，接着输入"编"字的全拼"bian"，提示窗中会出现与拼音"bian"对应的汉字，同时在每个字的后面标出该字的五笔编码，敲击 + 键可向后翻页查找"编"字，如图 7-1 所示。该功能非常好用，不仅可以帮助用户输入不会拆分的字，还可起到翻查编码的作用。

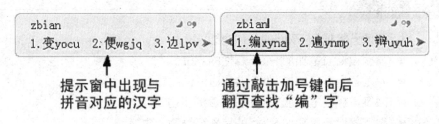

提示窗中出现与　　　　通过敲击加号键向后
拼音对应的汉字　　　翻页查找"编"字

图7-1 Z 键提示

3. 直接输入英文

在输入中文的过程中，如果需要输入少量的英文，用户可以在不关闭五笔输入法的状态下，敲击 : 键后，即可直接输入英文。输入的英文会显示在提示窗内，英文全部输入完后敲击 Enter 键，提示窗内的英文即被输入计算机中。

4. 中英文单键切换

除可直接输入英文外，还可通过敲击 Ctrl 键（安装时也可选为 Shift 键），将中文输入状态切换为英文输入状态，自由输入英文。如需要输入中文时，再敲击一下 Ctrl 键，即切换回中文输入状态。这个方法适用于输入大量英文的情况。

5. 重复输入

按 Z + Space 组合键，可以重复输入刚刚输入过的字词或符号。

6. 自动调频

此功能与智能 ABC 输入法的自动调频功能相似，即在输入字词时，如果输全四码后出现重码，系统可以根据用户对这些重码字词的输入频度，自动调整它们在提示窗中出现的先后顺序。

7. 手动调频

使用此功能可以在重码出现时（必须是输全四码的情况下），通过按 `Ctrl` 键加相应字词左侧的数字键将其调整到重码的首位。

8. 快速选重码

在输入汉字或词组时，如果出现重码，五笔加加默认一次只显示 3 个重码，敲击 `Space` 键可选首位重码，敲击左 `Shift` 键可选第 2 个重码，敲击右 `Shift` 键可选第 3 个重码。

9. 输入特殊符号

使用此功能，只要键入符号中文名称的五笔编码即可输入相应符号。例如，键入"顿号"这个词的五笔编码"GBKG"，即可得到"、"符号。其他特殊符号的编码如表 7-1 所示。

10. 输入系列符号

使用此功能，在输入系列符号时，可先敲击 `Z` 键，进入系列符号输入状态，接着输入系列符号中文名称的五笔编码，然后从提示行中选择即可。符号的个数超过提示行的显示范围时，可用 `+` 或 `-` 键向后或向前翻页查找，找到后敲击相应的数字键进行选择。例如，要输入某个平假名，先敲击 `Z` 键，接着输入"平假名"这个词的五笔编码"GWQK"，即可获得日文平假名。其他系列符号的编码如表 7-2 所示。

表 7-1 五笔加加 Plus 特殊符号编码列表（86 版）

符号	名称	编码	符号	名称	编码
	空　格	PWST	‖	双竖线	CJXG
	双空格	CPST	〖 〗	空心括号	PNRK
，	逗　号	GKKG	【 】	实心括号	PNRK
、	顿　号	GBKG	√	对　勾	CFQC
。	句　号	QKKG	≈	约等于	XTGF
·	圆　点	LKHK	≤	小于等于	IGTG
·	间隔号	UBKG	≥	大于等于	DGTG
——	破折号	DRKG	<	小　于	IHGF
~	波浪号	IIKG	>	大　于	DDGF
……	省略号	ILKG	′	单撇号	URKG
' '	单引号	UXKG	″	双撇号	CRKG
" "	双引号	CXKG	′	分	WV
〔 〕	方括号	YRKG	″	秒	TI
〈 〉	单书名号	UNQK	♂	雄性符号	DNTK
《 》	书名号	NQKG	♀	雌性符号	HNTK
『 』	竖书名号	JNQK	°	度	YA
±	正负号	GQKG	℃	摄氏度	RQYA
∶	对比号	CXKG	℃	温　标	IJSF
‰	千分号	TWKG	§	章节号	UAKG

符号	名称	编码	符号	名称	编码
%	百分号	DWKG	※	花叉号	ACKG
（ ）	圆括号	LRKG	π	圆周率	LMYX
｛ ｝	大括号	DRKG	№	序　号	YCKG
？	问　号	UKKG	☆★	五角星	GQJT
；	分　号	WVKG	○	圆　圈	LKLU
：	冒　号	JHKG	●	实心圆圈	PNLL
！	叹　号	KCKG	◇	菱　形	AFGA
＃	井　号	FJKG	◆	实心菱形	PNAG
$	美　元	UGFQ	□	矩　形	TDGA
￡	英　镑	AMQU	■	实心矩形	PNTG
￥	人民币	WNTM	△	三角形	DQGA
／	斜　杠	WTSA	▲	实心三角	PNDQ

表 7-2　五笔加加 Plus 系列符号编码列表（86 版）

名称	编码	系列符号
大写罗马	DPLC	Ⅰ Ⅱ Ⅲ Ⅳ Ⅴ Ⅵ Ⅶ Ⅷ Ⅸ Ⅹ Ⅺ Ⅻ
小写罗马	IPLC	ⅰ ⅱ ⅲ ⅳ ⅴ ⅵ ⅶ ⅷ ⅸ ⅹ
大写希腊	DPQE	ΑΒΓΔΕΖΗΘΙΚΛΜΝΞΟΠΡΣΤΥΦΧΨΩ
小写希腊	IPQE	αβγδεζηθικλμνξοπρστυφχψω
大写俄文	DPWY	АБВГДЕЖЗИЙКЛМНОПРСТУФХЦЧШЩЪЫЬЭЮЯЁ
小写俄文	IPWY	абвгдежзийклмнопрстуфхцчшщъыьэюяё
平假名	GWQK	ぁあぃいぅうぇえぉおかがきぎくぐけげこごさざしじすずせぜそぞただち ぢっつづてでとどなにぬねのはばひびぴふぶぷへべぺほぼぽまみむめもや ゃゆゅよらりるれろわゎゐゑをん”。゛゜
片假名	TWQK	ァアィイゥウェエォオカガキギクグケゲコゴサザシジスズセゼソゾタダチ ヂッツヅテデトドナニヌネノハバパヒビピフブプヘベペホボポマミムメモ ャヤュユョヨラリルレロワヮヰエヲンヴヵヶ－ヽヾ
注音符号	IUTK	ㄅㄆㄇㄈㄉㄊㄋㄌㄍㄎㄏㄐㄑㄒㄓㄔㄕㄖㄗㄘㄙㄧㄨㄩㄚㄛㄜㄝㄞㄟㄠㄡㄢㄣㄤㄥㄦ
数学符号	OITK	＋－＜＝＞±×÷∈∏∑√∝∞∟∠∣∥ ∧∨∩∪∫∮∴∵∶∷∽≈≌≒≠≡≢≤≥≮≯⊕⊙ ⊥⊿
单位符号	UWTK	mg kg mm cm km m² cc KM ln log mil
方向箭头	YTTU	←↑→↓↖↗↘↙
圆圈数字	LLOP	①②③④⑤⑥⑦⑧⑨⑩
括号数字	RKOP	⑴⑵⑶⑷⑸⑹⑺⑻⑼⑽⑾⑿⒀⒁⒂⒃⒄⒅⒆⒇

名称	编码	系列符号
数字点	OPHK	1. 2. 3. 4. 5. 6. 7. 8. 9. 10. 11. 12. 13. 14. 15. 16. 17. 18. 19. 20.
中文数字	KYOP	㈠㈡㈢㈣㈤㈥㈦㈧㈨㈩
货币符号	WTTK	$ ¢ £ ￥ ¤
拼音符号	RUTK	āáǎàōóǒòēéěèīíǐìūúǔùǖǘǚǜûêɑńňǹg

11. 实时造词

使用此功能可以在输入文本的时候随时造词，以提高文字的输入速度。具体方法参见7.4节。

12. 自定义符号编码

使用自定义编码工具中的编辑符号功能，可以对特殊符号及其编码进行增删、修改等操作。具体方法参见7.5节。

13. 词库管理

此功能可将五笔加加Plus中的用户词库导出为.txt文件，也可将.txt文件中的词组批量导入用户词库中。具体方法参见7.6节。

7.2 五笔加加Plus的安装

在使用五笔加加Plus之前，首先要将其安装在Windows系统中。五笔加加Plus的安装步骤如下。

STEP 1 单击Windows 7桌面任务栏左下角的【开始】按钮，在打开的【开始】菜单中选择【运行】命令（快捷键为⊞+R），弹出【运行】对话框，如图7-2所示。

STEP 2 单击 浏览(B)... 按钮，在弹出的【浏览】对话框中查找五笔加加Plus的安装程序，如图7-3所示。

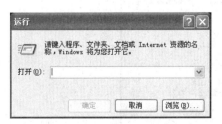

图7-2 【运行】对话框　　　　图7-3 查找安装程序

STEP 3 双击安装程序或将选择程序名后单击 打开(O) 按钮，将其输入【运行】对话框中，如图7-4所示。

STEP 4 单击 确定 按钮，开始运行安装程序，进入安装向导对话框，如图 7-5 所示。

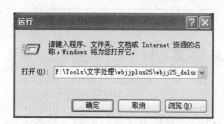

图7-4 输入【运行】对话框中　　　　　　　　　　　图7-5 安装向导

STEP 5 单击 下一步(N) > 按钮，进入【许可协议】向导页，如图 7-6 所示。

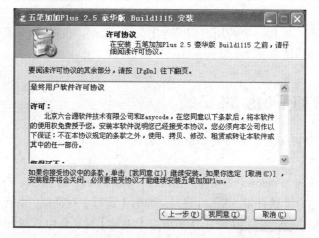

图7-6 【许可协议】向导页

STEP 6 单击 我同意(I) 按钮，进入【选定组件】向导页，该项提示用户选择安装五笔加加 Plus 中包括的组件，如图 7-7 所示。

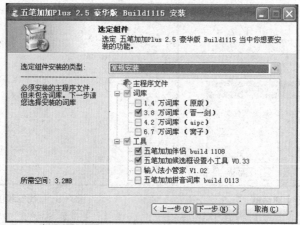

图7-7 【选定组件】向导页

知识提示　除了五笔字型之外，五笔加加 Plus 豪华版还集成了"五笔加加伴侣""候选框设置小工具""输入法小管家"等工具，并增加了各种不同容量的词库，读者可根据需要自行选择。

STEP 7　单击 下一步(N) > 按钮，进入【选择界面风格】向导页，选择五笔加加 Plus 的界面风格，如图 7-8 所示。

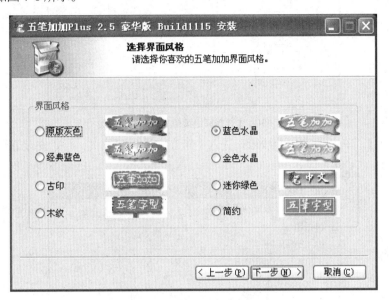

图7-8　【选择界面风格】向导页

STEP 8　单击 下一步(N) > 按钮，进入【选定安装位置】向导页，选择五笔加加的安装路径，如图 7-9 所示。

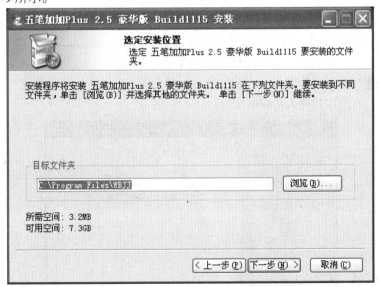

图7-9　【选定安装位置】向导页

STEP 9　单击 下一步(N) > 按钮，进入【选择开始菜单文件夹】向导页，选择程序组的安装位置，如图 7-10 所示。

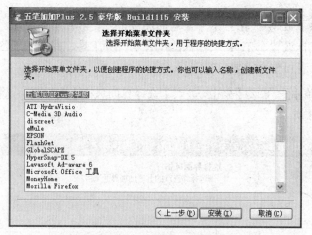

图7-10 【选择开始菜单文件夹】向导页

STEP 10 单击 安装(I) 按钮,进入【正在安装】向导页,开始安装五笔加加 Plus,如图 7-11 所示。

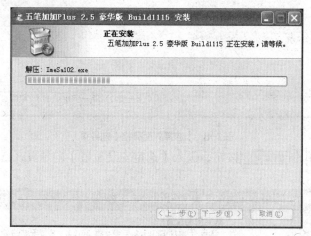

图7-11 【正在安装】向导页

STEP 11 五笔加加输入法安装完成后,弹出图 7-12 所示的安装完成对话框,单击 完成 按钮,五笔加加输入法安装成功。

图7-12 安装完成

STEP 12 打开语言栏菜单，便会看到【五笔加加 Plus 2.5】已在其中，如图 7-13 所示。

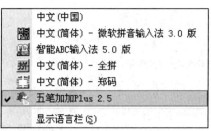

图7-13 五笔加加装入语言栏菜单

STEP 13 随五笔加加 Plus 一起安装的辅助工具的快捷方式被放置在【开始】菜单的【所有程序】/【五笔加加 Plus 豪华版】命令组中，如图 7-14 所示。

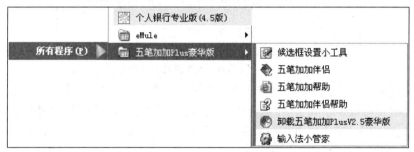

图7-14 五笔加加的辅助工具组

这些辅助工具的使用方法都非常简单，这里就不再详细介绍了。

7.3 五笔加加 Plus 的属性设置

与王码五笔相同，五笔加加 Plus 在安装成功并启动后，会在任务栏的系统区域出现输入法的图标，如图 7-15 所示。

在默认状态下，安装五笔加加 Plus 后，其众多功能并没有全部打开，用户需要到其属性对话框中进行设置，具体步骤如下。

STEP 1 单击屏幕右上角的五笔加加状态提示标志 ，打开其下拉菜单，如图 7-16 所示。

图7-15 五笔加加输入法图标　　　　　　　　图7-16 快捷菜单

STEP 2 选择【设置】命令，弹出【《五笔加加》设置】对话框，以设置其中的各项属性，如图 7-17 所示。

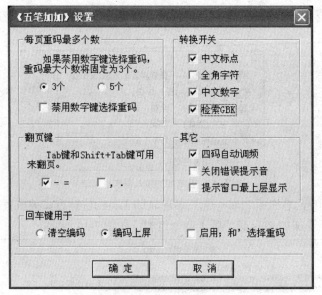

图7-17 【《五笔加加》设置】对话框

【《五笔加加》设置】对话框中包括以下 5 部分选项。

- 【每页重码最多个数】：在默认状态下，五笔加加 Plus 的重码提示窗中的一页只显示 3 个重码。在【每页重码最多个数】选项组中，可以设置每页显示的重码个数，如为"5"。

- 【翻页键】：该选项为重码提示窗指定翻页键，用户可根据自己的使用习惯从两组单选项中任选其一。

- 【回车键用于】：该组选项指定在输入汉字时 Enter 键的作用，如点选【清空编码】单选钮，敲击 Enter 键则提示窗中的编码被清空；点选【编码上屏】单选钮，敲击 Enter 键则提示窗中的编码被输入计算机中。

- 【转换开关】：其中包括 4 项，勾选【中文标点】复选框，标点符号输入切换为全角模式，即每个标点符号占两个字节的位置；勾选【全角字符】复选框，可将字符（如英文字母）输入切换为全角模式；勾选【中文数字】复选框，可将输入的数字切换为全角模式，每个数字占两个字节的位置；勾选【检索 GBK】复选框，可将检索字符集切换为大字符集模式，这样可以输入繁体字和一些难检字。

- 【其他】：其中所包括的各选项可根据其字面意思了解它们各自的作用，一般将【四码自动调频】复选框勾选，这样可以打开词组的自动调频功能。

7.4 五笔加加 Plus 的词组管理

五笔加加 Plus 虽然提供了一个容量非常大的词库，但在输入文字时还是可能会遇到一些词库中没有的词组。如果采用单字输入会影响输入速度，这时可使用五笔加加 Plus 的实时造词组与删除词组的功能，在输入文字的过程中随时将词组加入或删除，使用起来非常方便。

1. 实时造词组

五笔加加 Plus 中实时造词组的步骤如下。

STEP 1　依次输入构成新词的单字，如"实时造词"。

STEP 2　按 Ctrl + ± 组合键进入造词状态，提示窗中显示出用户输入的两个单字，如图 7-18 所示。

> 加词：造词
> 用 - = 键选择词长，删除键和退格键删字，按回车键确认。

图7-18　实时造词提示

STEP 3　敲击 -、± 两键或左光标键 ←、右光标键 →，可增减构成词组的字，此时连续敲击两次 - 键，将"实时"两字调出，如图 7-19 所示。

> 加词：实时造词
> 用 - = 键选择词长，删除键和退格键删字，按回车键确认。

图7-19　调出"实时"两字

STEP 4　敲击 Enter 键，新词自动加入用户词库中。

知识提示　在造词过程中，可按 BackSpace（退格键）和 Delete（删除键）删除提示窗光标前后的字，以调整词组的内容；按 Esc 键可退出造词状态。

2. 删除词组

五笔加加 Plus 中删除词组的步骤如下。

STEP 1　输入要删除的词组，如删除刚刚创建的"实时造词"。

STEP 2　按 Ctrl + - 组合键，弹出删词提示窗，如图 7-20 所示。

> 删词：实时造词
> 按回车键确认。

图7-20　删词提示窗

STEP 3　敲击 Enter 键，即将该词从用户词库中删除。

7.5　五笔加加 Plus 的自定义符号编码

五笔加加 Plus 有一个输入特殊符号的功能，就是只要键入相应符号中文名称的五笔编码即可输入该符号。例如，键入"顿号"的编码 GBKG，即可得到"、"号。使用自定义编码工具中的编辑单个符号表功能，可以对特殊符号及其编码进行增删、修改等操作。

下面以修改省略号的编码为例，介绍一下此功能的使用方法。操作步骤如下。

STEP 1　单击屏幕右上角的五笔加加状态提示标志 五笔加加，打开下拉菜单中的【管理工具】子菜单。

STEP 2　选择其中的【自定义编码工具】命令，弹出【《五笔加加》自定义编辑】对话框。

STEP 3　单击其中的 编辑单个符号表 按钮，弹出【《五笔加加》编辑符号码表】对话框，如图 7-21 所示。

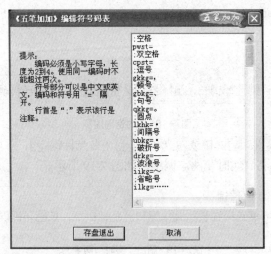

图7-21 【《五笔加加》编辑符号码表】对话框

STEP 4 在编码列表中找到省略号的编码，将其改为"ig"，如图 7-22 所示。

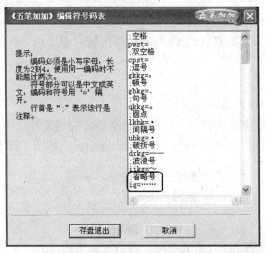

图7-22 修改省略号的编码

STEP 5 单击 存盘退出 按钮，省略号的编码被成功修改，【《五笔加加》编辑符号码表】对话框自动关闭。

STEP 6 关闭【《五笔加加》自定义编辑】对话框，输入省略号的新编码"ig"，省略号出现在重码提示窗中，如图 7-23 所示。

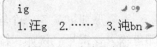

图7-23 省略号出现

7.6 五笔加加 Plus 的词库管理

在使用计算机时，难免会遇到重装操作系统的情况，这会导致经过日积月累创建的五笔词库也会随着操作系统的重装而丢失，让人心疼不已。这时五笔加加 Plus 的词库管理功能便派上用场了。

使用五笔加加 Plus 提供的词库管理工具，可以将用户词库导出为".txt"文件作为备份，如果词库丢失，可重新将备份的".txt"文件导入用户词库中。操作步骤如下。

STEP 1 单击屏幕右上角的五笔加加状态提示标志 五笔加加 ，打开下拉菜单中的【管理工具】子菜单。

STEP 2 选择其中的【词库管理工具】命令，弹出【《五笔加加》词库工具】对话框，如图 7-24 所示。

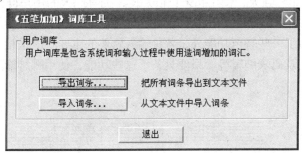

图7-24 【《五笔加加》词库工具】对话框

STEP 3 单击 导出词条... 按钮，会弹出保存词库文件的【另存为】对话框，询问文件的保存路径，如图 7-25 所示。

STEP 4 为文件指定一个保存路径和文件名，单击 保存(S) 按钮，即可将其保存。

STEP 5 词库成功保存后，会弹出一个提示对话框，如图 7-26 所示。

图7-25 保存词库文件

图7-26 词库导出成功

STEP 6 如想将文本文件中的词组导入，可单击【《五笔加加》词库工具】对话框中的 导入词条... 按钮，在弹出的【打开】对话框中找到需导入的词库文本文件，如图 7-27 所示。

STEP 7 双击该文件即可将其导入，导入成功后，同样弹出一个提示对话框，如图 7-28 所示。

图7-27 查找词库文件

图7-28 词库导入成功

7.7　小结

　　本章是全书的最后一章，主要介绍一款目前比较常用的五笔字型输入软件——五笔加加Plus。该软件的功能非常强大，使用起来也很方便，拥有广大的用户群。其实除了五笔加加Plus 之外，还有许多不错的五笔输入软件，如比较著名的王码五笔、智能陈桥五笔、万能五笔、极品五笔等。除了一些特色功能外，各种输入软件的主要功能是相似的，如编码提示、实时造词、手动造词及码表编辑等。只要具备了这些功能，使用哪种输入软件都可以快速地完成汉字输入。

7.8　练习题

1.　使用五笔加加 Plus 的实时造词组功能创建下列词语。

按钮	如图所示	多媒体制作	特殊字符
动画制作	人民邮电出版社	中英文打字	词库管理工具
五笔加加	艺术设计	效果图	材质灯光

2.　使用五笔加加 Plus 的词库管理工具将自己的词库备份。